工学基礎ミニマムシリーズ

物理ミニマム

― 第 2 版 ―

工学基礎ミニマム研究会 編

学術図書出版社

第2版まえがき

　理工系の学生が比較的早い時期に理解しておくべき事項を厳選して学生に示したいと考えて「物理ミニマム」を著してから3年が経過した．「物理ミニマム」ということばを初めて使ったのは，ランダウとリフシッツだと思う．時代は第2次世界大戦後，場所は現在のロシアである．ノーベル賞学者が自分で勉強したレベルを基準にしたとき，当時の学生の学力の低下を嘆いて，物理学者になるために最低習得すべき内容を吟味して，物理学教程をつくった．完成したものは極めてハイレベルである．この著作から「物理学はこのように理解すべきだ」または「物理学はこのように勉強すべきだ」というランダウ-リフシッツの考え方を見て取ることができる．

　本著は物理学者になるためのミニマムではないので，ランダウ-リフシッツの物理学教程とは比べようもないが，「物理の勉強はこのように開始すべきだ」という筆者なりの考え方を示したつもりである．厳選するという作業は，最も大切な事項は何かを問うことと同義である．大切なことだけを明快に示したかったのであるが，説明にはそれなりの順序があり，大切なことだけを示すことは技術的に難しい．それは，断片的な知識は意味を持たず，たくさんの知識が互いに関連付いたときに，それらの知識が意味を持ち，力を発揮することとも関連している．したがって，初学者は，少しずつ知識を増やすことに努力し，それらが互いに関連してくる程度に何回も何回も繰り返して学習することが大切である．大学のカリキュラムにもこのような重複・繰り返しが大切である．本著は，大学の初学年で物理を勉強する教科書として，または正規の授業の副読本・自習書として使われることを想定して書かれた．同じ内容を繰り返して学習する機会を積極的につくろうとする際に，本書が役に立てば幸いである．

　本著は，その初版が世に出てから，大学の正規の授業やそれを補う集中講義などの教科書として利用されてきた．分担執筆の形を取ったこともあって，初版には，取り上げた事項間の関連性が十分に配慮されていないなど不十分な点

が目立ったので，ここに版を新たにし，改良の努力を行った．単著で可能な首尾一貫性を実現するには至らなかったものの，ある程度の改善がなされたと考えている．また，この改訂の機会に，初版に含まれていた誤りを訂正した．多くの方々から，本著に関するご意見を頂いた．とりわけ，室蘭工業大学の鈴木好夫教授および茨城大学工学部の村野井研究室の方々のご指摘に感謝したい．

2005年1月

工学基礎ミニマム研究会

まえがき

　なぜいま工学基礎としての物理学ミニマムなのでしょうか？　大学進学率が60%を超えています．大学の入学選抜試験方法も多様化しています．このような状況下では，「大学に入学してくる学生の基礎的な知識と予備的な理解が不十分であるために従来行なわれてきた大学での授業レベルに対応できなくなっている．」との指摘もあながち否定できません．いろいろな学習歴をもつ学生が工学系専門科目を学習する際に，専門科目へのスムーズな接続の手助けとなるような，案内役としてのテキストが必要です．一方では，物理学はほとんどすべての工学系専門科目の「基礎」です．学力の多様な学生を対象として，最小限身につけなければならない物理学の考え方や知識を明らかにすることも必要でしょう．このテキストはこのような背景から生まれました．

　本書では，高校で物理を十分に学習してこなかった，あるいは物理が苦手だった学生を対象に，これから工学系専門科目を学ぶときにその基礎となるような最小限のことがらが盛り込まれています．筆者らは，専門科目の基礎である「物理学」において何が必要最小限の内容(ミニマム)であるかという問題の検討に多くの時間とエネルギーを投入しました．その結果，初学年でしっかりと理解しておくべき要点を浮かび上がらせ，それについては，レベルを落とすことなく十二分に解説を行うことにしました．これに対して，要点項目の応用的事項はまったく省略するかきわめて軽く取り扱っています．たとえば，力学の内容では，質点の力学に限定し，質点系の力学，剛体の力学，弾性体の力学，流体の力学などは，そのほとんどを省略しています．電磁気学については，真空中の電磁気学に限定し，物質の電磁気学には触れないことにしました．その結果，電場 E と磁束密度 B だけで電磁気学の要点を解説することができました．すなわち，力学では，質点の力学が「ミニマム」であり，電磁気学では真空の電磁気学が「ミニマム」です．「ミニマム」は要点であり，要点を十分に理解してしまえば，他の項目は自ずとわかります．この本は，これまでの物理

学の教科書に比べれば，取り扱っている範囲は狭いかもしれませんが，心配はいりません．この本で取り扱ったミニマムを完全にマスターすれば，説明を省略した部分も容易に習得できますから，その意味でこの本の内容は，グローバル・スタンダードを満たしていると考えられます．

　この本の特徴は，その要点(ミニマム)を例題や演習問題を通して理解できるように工夫されていることです．したがって，ただ読むだけでなく，例題や演習問題を自分で解いてみることがきわめて大切です．それによって，物理学を記述する方法すなわち物理学を表現する「ことば」を自分のものし，その表現能力をさまざまな工学の分野で活用することができるようになります．本文中の説明や例題の意味を理解し，自分で解答を考えた経験がなければ，これから工学系専門科目の勉強へ進むとは難しいと考えられます．「基礎」は自分でつくるもの．基礎を身につけるには練習問題を解く，自分で考える訓練が必要です．自分で身につけたものでなければ生きて働く力にはなりません．このテキストを通して，どれだけ暗記したかの学力ではなく，理解したことを活用し，自ら新しいことを学ぶ力にしていただきたいと思います．

2002年2月

工学基礎ミニマム研究会

目 次

第 1 章 定量化のしくみ　　　　　　　　　　　　　　1
　　　　章末問題 ....　8

第 2 章 変化の表現　　　　　　　　　　　　　　　　10
　　　　章末問題 ....　16

第 3 章 物理量の関係　　　　　　　　　　　　　　　18
　　　　章末問題 ....　23

第 4 章 因果律　　　　　　　　　　　　　　　　　　26
　　　　章末問題 ....　33

第 5 章 力学的エネルギー　　　　　　　　　　　　　35
　　　　章末問題 ....　50

第 6 章 固有振動と重ね合わせの原理　　　　　　　　52
　§1　単振動 ....　54
　§2　2 質点連成系の振動 ....　57
　§3　弦の振動 ....　62
　　　　章末問題 ....　66

第 7 章 波の反射，屈折，干渉　　　　　　　　　　　70
　§1　ホイヘンスの原理 ....　70
　§2　反射と屈折の法則 ....　70
　§3　波の干渉 ....　73
　　　　章末問題 ....　75

第 8 章 温度と熱エネルギー　　　　　　　　　　　　78
　§1　温度と熱運動 ....　79

	§2	仕事等量	81
	§3	理想気体	83
		章末問題	85

第 9 章 熱力学第 1 法則 　　　86

	§1	内部エネルギー	86
	§2	気体のする仕事	88
	§3	理想気体の等温変化	90
	§4	理想気体の断熱変化	93
		章末問題	98

第 10 章 熱機関の効率 　　　100

	§1	カルノーサイクル	100
	§2	効率	103
		章末問題	104

第 11 章 熱力学第 2 法則 　　　106

	§1	不可逆現象	106
	§2	熱力学第 2 法則	108
	§3	エントロピー	108
		章末問題	112

第 12 章 気体分子運動論 　　　113

	§1	理想気体の剛体球モデル	113
	§2	エネルギー等分配の法則	115
	§3	マクスウェル分布	116
		章末問題	120

第 13 章 電気の力 　　　122

	§1	クーロンの法則	122
	§2	電場	122
	§3	電位 (静電ポテンシャル)	125

　　　　　　　　　　　　　　　　　　　　　目　次　*vii*

　　　　章末問題 128

第 14 章　磁気の力　133

§1　平行電流間の相互作用，反平行電流間の相互作用 133
§2　右ねじの法則 134
§3　ビオ–サバールの法則 136
§4　磁場中の電流に作用する力 138
§5　ローレンツ力 139
　　章末問題 142

第 15 章　時間的に変化する電場と磁場　153

§1　ファラデーの電磁誘導の法則 153
§2　変位電流 155
　　章末問題 157

第 16 章　電磁場の方程式　158

§1　マクスウェルの方程式 (微分形) 158
§2　真空中のマクスウェルの方程式 (微分形) 161
§3　時間変化がない場合のマクスウェルの方程式 (微分形) 162
§4　マクスウェルの方程式 (積分形) 164
　　章末問題 165

第 17 章　電磁波と波動方程式　167

§1　電磁波の放射 167
§2　コンデンサーとアンテナ 167
§3　回路からの電磁波の放出 168
§4　電磁波の波動方程式 168
§5　電磁波の波としての性質 171
§6　さまざまな電磁波 171
　　章末問題 173

第18章 相対性理論　174
- §1 マイケルソンとモーリの実験 174
- §2 相対性理論 175
- §3 相対論的なエネルギーと運動量 178
- 章末問題 179

第19章 波の粒子性　180
- §1 光電効果 180
- §2 光量子説 181
- §3 光の検出 183
- 章末問題 184

第20章 粒子の波動性　185
- §1 物質波 185
- §2 電子顕微鏡 187
- §3 波動と不確定性原理 187
- §4 固体中の電子 188
- 章末問題 189

章末問題の略解　190

参考文献　197

あとがき　199

索引　200

第1章

定量化のしくみ

P 人間は五感を使ってさまざまな情報を取得します．「科学する」という行為は，それらの情報の関係を探ることです．

S 話が一般的すぎますね．具体例をあげて説明してください．

P 「空はどんより曇っていてあまりにも寒いので，雪が降り始めると思った」．この例では，雲の様子を観察し外気を肌で感じて，これらの情報と「雪が降る」という事象を関係づけています．

P 同じことをもっと科学的に表現すると，「層積雲が出ていて外気が摂氏3度以下だったので，雪が降り始めると思った．」となります．

S 雲の種類を分類し，外気の温度が数値で表されていますね．

P ものの性質を分類したり数値で表したりすると記述が客観的になり，ものごとを正確に表現できます．

P ものの性質を数値で表した量を **物理量** といいます．**物理法則** はある物理量と他の物理量の関係を述べたもので，多くは数式で表されます．上の例は数式ではありませんが，1つの「降雪の法則 (経験法則)」になっています．

P そこで，ものの性質がどのように数値で表せるかについて考えましょう．

S **単位** を決めればよいのですね．

P そのとおり．例で説明しましょう．図1.1を見てください．

P 樽の中にお酒がたくさん入っています．この「たくさん」をもっと正確に数値で表すためには，単位を決めればよいのです．1升 (しょう) マスがこれこれの大きさであると決めたとします．

S 勝手に決めてよいのですか？

P とにかく決めてしまえばよろしい．

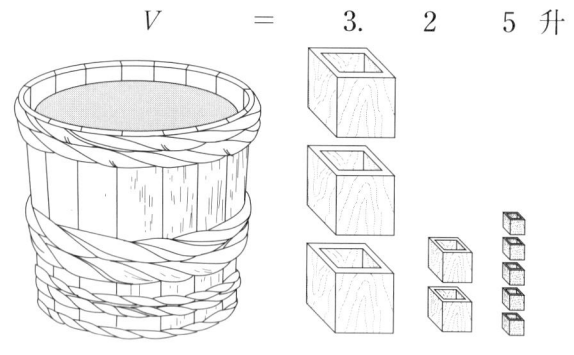

図 1.1 液体の計量

P このマスを使って，樽の中のお酒を汲み出します．3 バイとれて「残り」ができました．

S お酒の量は 3 升より多く，4 升より少ないということですね．

P その「残り」を数値で表すためには，1 升の $\frac{1}{10}$ のマスをつくって，それで「残り」を汲み出します．1 升の $\frac{1}{10}$ を合（ごう）といいます．2 ハイとれてまた少し「残り」ができました．

S 次に 1 合マスのさらに $\frac{1}{10}$ のマスで「残り」を汲み取るのですね．

P 1 合の $\frac{1}{10}$ を勺（しゃく）といいます．今度は 5 ハイとれてまた少し「残り」ました．そこで，勺のさらに $\frac{1}{10}$ のマスをつくって，1 ハイとれて…と計量作業を繰り返します．

P その結果，お酒の量は実用上十分な精度で 3 升 2 合 5 勺と表現できます．また，計量操作を無限に繰り返せば，$3.251\cdots$ [升] と無限に正確に表すことができます．ここで，小数点の位置が単位にとった升の大きさを表していることに注目しましょう．これがないと，この数値は意味をもちません．ここで $\frac{1}{10}$，さらに $\frac{1}{10}$ と小さなマスをつくったので，この量は **10 進数** の **小数** で表されていますが，これを $\frac{1}{2}$，さらに $\frac{1}{2}$ とした

ならば，数値は **2進数** の小数になります．通常，物理量の大きさは10進数の数値 [単位] という形で表します．

S ものの量を数値で表すためにはその単位が必要で，それはどのように決めてもよいわけですね．

P 原理的にはそれでよいのです．実際，江戸時代には，1升の大きさは藩によって異なっていました．藩の中だけで通用する尺度があったのです．しかし，人やものがグローバルに流通する現代では，単位を世界的に統一して決めておく必要があります．

S **MKSA 単位系** の登場ですね．

P 距離 (長さ) と質量 (重さ) と時間と電流の単位を世界で統一して決めたのです．それぞれの単位は，**メートル** [m]，**キログラム** [kg]，**秒** [s]，**アンペア** [A] です．これらを **基本単位** といいます．

S なぜ，距離と質量と時間と電流なのでしょうか？ それ以外の単位は必要がないのですか？

P これが本当に不思議なところです．それ以外の物理量はこれらの4つの量と関係しているので，基本単位を組み合わせてつくることができるのです．たとえば，(速度) = (距離) ÷ (時間) なので，速度の単位は [m/s] です．すなわち，1秒あたり1メートル移動する速さが速度の単位です．

S 音の伝わる速さを単位にとる [マッハ] も速度の単位ですね．

P 航空工学などの分野で使われます．同じ物理量でも分野ごとに別の単位を定義して使うことがあります．それらの単位は互いに換算できます．

P 力の単位は，(力) = (質量) × (加速度) の関係 (ニュートンの第2法則) から，$[kg] \times [m/s^2] = [kg \cdot m/s^2]$ です．これは1kgの物体が$1\,m/s^2$の割合で速度が大きくなっているときに物体に作用している力の大きさです．これを **ニュートン** といい，[N] で表します．力の単位は [N] と書いてもよいし，$[kg \cdot m/s^2]$ としてもよいのです．ここで，力の単位が基本単位から物理法則を介して誘導されていることに注目してください．基本単位から誘導してつくられた単位を **誘導単位** といいます．力の単位ニュートン [N] は誘導単位です．

P また，$[\mathrm{kg \cdot m/s^2}] = [\mathrm{kg \cdot m \cdot s^{-2}}]$ であることから，力という物理量は (質量)×(距離)×(時間のマイナス 2 乗) の **次元** (ディメンション) をもっているといいます．

S 物理量を数値で表すためには単位が必要であること，すべての物理量は次元をもっていることがわかりました．

例題 1.1 単位の換算

力の単位として，ニュートン [N] 以外にダイン [dyn] が使われる場合がある．$1\,\mathrm{dyn}$ の大きさの力とは，$1\,\mathrm{g}$ の物体が $1\,\mathrm{cm/s^2}$ の加速度で運動しているときに作用している力である．$1\,\mathrm{N}$ は何 dyn か．

〔解 説〕 $1\,\mathrm{N} = 1\,\mathrm{kg \cdot m/s^2}$ である．$1\,\mathrm{kg} = 1000\,\mathrm{g}, 1\,\mathrm{m} = 100\,\mathrm{cm}$ である．したがって，$1\,\mathrm{N} = 1\,\mathrm{kg \cdot m/s^2} = 1 \times (1000\,\mathrm{g} \cdot 100\,\mathrm{cm/s^2}) = 10000\,\mathrm{g \cdot cm/s^2} = 10^5\,\mathrm{dyn}$ である．

例題 1.2 2 進数の小数

2 進数の小数 1.1011 は 10 進数で表すといくらか．

〔解 説〕

$$2\text{進数} 1.1011 = 1 \times 2^0 + 1 \times 2^{-1} + 0 \times 2^{-2} + 1 \times 2^{-3} + 1 \times 2^{-4}$$
$$= 1 + 0.5 + 0 + 0.125 + 0.0625 = 1.6875$$

例題 1.3 次元解析

振り子 (単振り子) の周期 T が振り子の長さ l と重力加速度 g で表されることがわかると，それらの物理量の関係を知ることができる．次元解析を行うことによって，この関係を導け．

〔解 説〕 題意より，$T = l^x \cdot g^y$ と仮定する．この式の両辺の物理量の次元が等しいことから，$[\text{時間}] = [\text{距離}]^x \cdot [\text{距離} \cdot \text{時間}^{-2}]^y = [\text{距離}^{x+y} \cdot \text{時間}^{-2y}]$ が成立しなけれはならない．これより，$x+y=0, -2y=1$ であるから，$x = \dfrac{1}{2}$, $y = -\dfrac{1}{2}$ となり，$T = c\sqrt{\dfrac{l}{g}}$ がわかる．ここで c は **無次元** の定数である．

[例題 1.4]　ベクトルの成分

2次元直交座標中にベクトル $\boldsymbol{a} = a_x\boldsymbol{i} + a_y\boldsymbol{j}$, $\boldsymbol{b} = b_x\boldsymbol{i} + b_y\boldsymbol{j}$ がある．ベクトル $\boldsymbol{a}$ のベクトル $\boldsymbol{b}$ 方向の成分 (図 1.2 の太線部の長さ) を求めよ．$\boldsymbol{i}, \boldsymbol{j}$ はそれぞれ，x 軸，y 軸方向の単位ベクトルである．

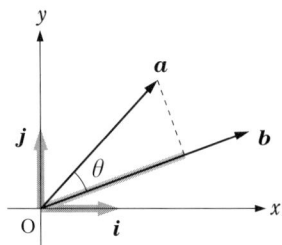

図 **1.2**　ベクトルの成分

〔解説〕　2つのベクトル $\boldsymbol{a}, \boldsymbol{b}$ の内積は，

$$\boldsymbol{a} \cdot \boldsymbol{b} = |\boldsymbol{a}||\boldsymbol{b}|\cos\theta = \sqrt{a_x^2 + a_y^2}\sqrt{b_x^2 + b_y^2}\cos\theta = a_xb_x + a_yb_y \tag{1.1}$$

と表される．ここで，$|\boldsymbol{a}| = \sqrt{a_x^2 + a_y^2}$, $|\boldsymbol{b}| = \sqrt{b_x^2 + b_y^2}$ は，それぞれ，ベクトル $\boldsymbol{a}$, ベクトル $\boldsymbol{b}$ の大きさである．ベクトル $\boldsymbol{a}$ のベクトル $\boldsymbol{b}$ 方向の成分 $|\boldsymbol{a}|\cos\theta$ は，式 (1.1) の両辺を $|\boldsymbol{b}|$ で割って，

$$\boldsymbol{a} \cdot \frac{\boldsymbol{b}}{|\boldsymbol{b}|} = |\boldsymbol{a}|\cos\theta = \frac{a_xb_x + a_yb_y}{\sqrt{b_x^2 + b_y^2}} \tag{1.2}$$

と表される．ここで，

$$\frac{\boldsymbol{b}}{|\boldsymbol{b}|} = \frac{b_x}{\sqrt{b_x^2 + b_y^2}}\boldsymbol{i} + \frac{b_y}{\sqrt{b_x^2 + b_y^2}}\boldsymbol{j} \tag{1.3}$$

は単位ベクトル (大きさが 1 のベクトル) である．一般に，ベクトル $\boldsymbol{a}$ のベクトル $\boldsymbol{b}$ 方向の成分を求めるためには，ベクトル $\boldsymbol{b}$ の方向の単位ベクトルを生成し，それとベクトル $\boldsymbol{a}$ の内積を計算すればよい．また，内積の定義式 (1.1) を $\cos\theta$ について解くと，

$$\cos\theta = \frac{a_xb_x + a_yb_y}{\sqrt{a_x^2 + a_y^2}\sqrt{b_x^2 + b_y^2}} \tag{1.4}$$

を得る．この式より，2つのベクトルの成す角は，その内積とベクトルの大きさから計算できることがわかる．とりわけ，内積がゼロである場合は，2つのベクトルは直交している．

❗ One Point : ベクトルとその演算

物理量によっては，「**大きさ**」と同時に「**方向**」の性質をもつものがある．たとえば3次元空間中で，ものの位置がずれた場合，位置のずれ(**変位**)はベクトルで表す．図1.3のように，3次空間中に直交座標を考える．はじめに原点Oにあった物体は，図のP点に変位した．変位はOPを結ぶ矢印で表現できる．矢印の大きさが変位の大きさで，矢印の方向が変位の方向である．変位という物理量は，大きさを指定しただけでは，意味をもたない．方向も同時に指定されなければならない．

矢印OPの変位をベクトル$\boldsymbol{a}$で表す．矢印OPの変位に続いて変位PQが起こった．この変位PQをベクトル$\boldsymbol{b}$で表す．2つの変位OP,PQの合成結果は，変位OQと同等である．そこで，変位OQを変位OPと変位PQの合成ベクトルを$\boldsymbol{a}+\boldsymbol{b}$で表す．一般に，2つのベクトルの足し算$\boldsymbol{a}+\boldsymbol{b}$は，ベクトル$\boldsymbol{a}$の終点とベクトル$\boldsymbol{b}$の始点を重ね，ベクトル$\boldsymbol{a}$の始点からベクトル$\boldsymbol{b}$の終点までのベクトルを生成することである(**ベクトルの足し算**)．

ベクトルには数(スカラー)をかけることができる(**スカラー倍**)．たとえば，ベクトル$\boldsymbol{a}$で表される変位を2回行えば，結果的には，ベクトル$\boldsymbol{a}$の方向にベクトル$\boldsymbol{a}$の大きさの2倍だけ移動したことになる．これを$2\boldsymbol{a}$と書く．1.5回なら，$1.5\boldsymbol{a}$である．一

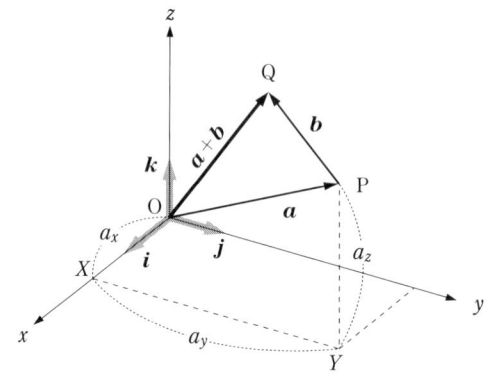

図1.3 変位ベクトル

一般に，ベクトル $c\boldsymbol{a}$ は (c はスカラー)，ベクトル $\boldsymbol{a}$ の方向にベクトル $\boldsymbol{a}$ の大きさを c 倍して得られるベクトルである．

大きさが 1 のベクトルを**単位ベクトル**という．x, y, z 軸上の単位ベクトルを $\boldsymbol{i}, \boldsymbol{j}, \boldsymbol{k}$ とする．図 1.3 において，変位 OP は 3 つの変位 OX, XY, YP を続いて行った場合と同等である．変位 OX, XY, YP の大きさを a_x, a_y, a_z とすれば，変位 OX, XY, YP は，それぞれベクトル $a_x \boldsymbol{i}, a_y \boldsymbol{j}, a_z \boldsymbol{k}$ で表せる．したがって，$\boldsymbol{a} = a_x \boldsymbol{i} + a_y \boldsymbol{j} + a_z \boldsymbol{k}$ を得る．これを，ベクトルの直交座標による**成分表示**という．

上で述べた，足し算とスカラー倍以外に，ベクトルには**内積**(**スカラー積**), **外積**(**ベクトル積**) と呼ばれる演算が定義されている．内積は，2 つのベクトルをかけて，スカラーが得られる演算であり，ベクトルの成分や 2 つのベクトル間の角度を計算するときに便利に使われる (p.5 の例題 1.4 を参照)．外積は，2 つのベクトルをかけてベクトルが得られる演算である．図 1.4 において，ベクトル $\boldsymbol{a}$ とベクトル $\boldsymbol{b}$ がつくる平行四辺形を考える．その平行四辺形に垂直な方向 (正確には，ベクトル $\boldsymbol{a}$ からベクトル $\boldsymbol{b}$ へ右ネジを回したときにネジの進む方向) に $|\boldsymbol{a}||\boldsymbol{b}|\sin\theta$ の大きさをもつベクトルを外積といい，$\boldsymbol{a} \times \boldsymbol{b}$ で表す．この定義より，$\boldsymbol{a} \times \boldsymbol{b} = -\boldsymbol{b} \times \boldsymbol{a}$ となり，外積は交換律が成立しないことに注意が必要である．さて，$\boldsymbol{a} = a_x \boldsymbol{i} + a_y \boldsymbol{j} + a_z \boldsymbol{k}$, $\boldsymbol{b} = b_x \boldsymbol{i} + b_y \boldsymbol{j} + b_z \boldsymbol{k}$ と表されるならば，外積は成分を使って，

$$\boldsymbol{a} \times \boldsymbol{b} = \begin{vmatrix} \boldsymbol{i} & \boldsymbol{j} & \boldsymbol{k} \\ a_x & a_y & a_z \\ b_x & b_y & b_z \end{vmatrix}$$

$$= (a_y b_z - a_z b_y)\boldsymbol{i} + (a_z b_x - a_x b_z)\boldsymbol{j} + (a_x b_y - a_y b_x)\boldsymbol{k} \tag{1.5}$$

と表される．ベクトル $\boldsymbol{a}$ とベクトル $\boldsymbol{b}$ の成す角度は，

$$\sin\theta = \frac{|\boldsymbol{a} \times \boldsymbol{b}|}{|\boldsymbol{a}||\boldsymbol{b}|} \tag{1.6}$$

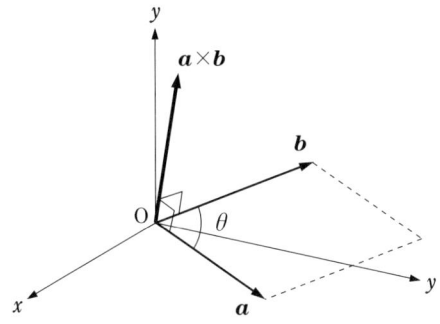

図 **1.4** ベクトルの外積

なる関係 (外積の定義) から求めることができる．とりわけ，2 つのベクトルが平行ならば，その外積は **ゼロベクトル** (大きさがゼロのベクトル) である．外積は，物体の回転運動に関係した物理量 (たとえば，角運動量，力のモーメント) などを表すときに便利に使われる (p.15 の例題 2.4 を参照)．

章 末 問 題

1.1 (仕事) = (力) × (距離) の関係がある．仕事の **MKS** 単位はジュール [J] である．これを基本単位で表せ．仕事の **CGS** 単位 (距離を cm, 質量を g, 時間を s とする単位) はエルグ [erg] である．1 J は何 erg か．

1.2 3 進数 212.102 を 10 進数で表せ．

1.3 質量 m [kg] の物体がバネ定数 k [N/m] のバネにつながれて振動している．次元解析を行い，振動の周期 T [s] が質量とバネ定数とどのように関係しているか調べよ．

1.4 速度ベクトル $\bm{v} = 2\bm{i} + 3\bm{j} + 2\bm{k}$ の位置ベクトル $\bm{r} = 3\bm{i} + 2\bm{j} + \bm{k}$ 方向の成分を求めよ．また，これらのベクトルの成す角度 θ の余弦 ($\cos\theta$) を求めよ．

1.5 上の問題で 2 つのベクトルの外積 $\bm{v} \times \bm{r}$ を計算せよ．また，2 つのベクトルの成す角度 θ の正弦 ($\sin\theta$) を求めよ．

☕ Coffee Break：大きな数と小さな数

10 の何乗かになる大きな数や 10 のマイナス何乗の小さな数を表記するときに便利な記号がある．たとえば 10^6 はメガで，「パソコンのクロックは 500 MHz(メガヘルツ) だ」などという．これは，500×10^6 Hz $= 5 \times 10^8$ Hz のことである．数値の大きさを表す記号を表 1.1 にまとめてある．また，重要な物理量とその単位を表 1.2 に示す．

表 1.1 ギガ，メガ，etc.

p	n	μ	m	k	M	G	T
(ピコ)	(ナノ)	(マイクロ)	(ミリ)	(キロ)	(メガ)	(ギガ)	(テラ)
10^{-12}	10^{-9}	10^{-6}	10^{-3}	10^{3}	10^{6}	10^{9}	10^{12}

表 1.2 重要な物理量とその単位

物理量	単位名	記号	関係
エネルギー，仕事	ジュール	J	$1\,\mathrm{J} = 1\,\mathrm{N}\cdot\mathrm{m}$
仕事率，電力	ワット	W	$1\,\mathrm{W} = 1\,\mathrm{J/s}$
熱量	カロリー	cal	$1\,\mathrm{cal} = 4.2\,\mathrm{J}$
圧力	パスカル	Pa	$1\,\mathrm{Pa} = 1\,\mathrm{N/m^2}$
電気量	クーロン	C	$1\,\mathrm{C} = 1\,\mathrm{A}\cdot\mathrm{s}$
電流	アンペア	A	$1\,\mathrm{A} = 1\,\mathrm{C/s}$
電位，電圧	ボルト	V	$1\,\mathrm{V} = 1\,\mathrm{J/C}$
電場	ボルト毎メートル	V/m	$1\,\mathrm{V/m} = 1\,\mathrm{N/C}$
磁場，磁束密度	テスラ	T	$1\,\mathrm{T} = 1\,\mathrm{Wb/m^2}$
磁束	ウェーバー	Wb	$1\,\mathrm{Wb} = 1\,\mathrm{Nm/A}$

第2章

変化の表現

P 前回は，物理量を数値で表す方法 (定量化の方法) について考えました．物理量は一般に時間的に変化しています．その変化の激しさというか，変化の程度 (割合) は，やはり数値を使って定量的に表すことができます．

S 微分を使うのですね．

P そのとおり．いま物理量を x，時間を t で表すことにしましょう．物理量 x の値は時間とともに変化します．したがって，x は t の関数です．時刻 t における x の値を $x(t)$ と表すことにします．図 2.1 のグラフを使って，説明しましょう．

P 時刻 t から少しの時間 Δt が経過したとします．そのときの物理量の値を $x(t+\Delta t)$ で表します．物理量の変化は $\Delta x = x(t+\Delta t) - x(t)$ です．物理量の変化の割合 (単位時間あたりの変化量) は $\dfrac{\Delta x}{\Delta t}$ です．これを変化率といいます．

S 正確には，**平均変化率** ですね．

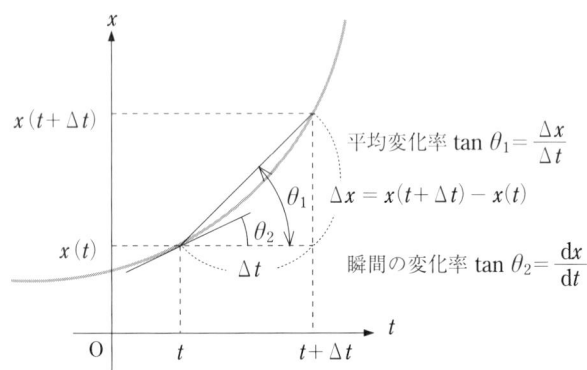

図 **2.1** 瞬間の変化率と平均変化率

P Δt がいかに小さな時間間隔でも有限の値であれば，その間に物理量の変化率も変化しますから，$\dfrac{\Delta x}{\Delta t}$ は「時間間隔 Δt における平均変化率」です．

P 微分法の考え方を使うと，まさに時刻 t における「**変化率**」という概念を導入することができます．これは，いわば「瞬間の変化率」です．

S 平均変化率で Δt がゼロに近づく極限を考えればいいのですね．

P そのとおり．その極限を
$$\lim_{\Delta t \to 0} \frac{\Delta x}{\Delta t} = \frac{\mathrm{d}x}{\mathrm{d}t} \tag{2.1}$$
と表し，微分といいます．

P いや，正確には**微分商**といいます．
$$\lim_{\Delta x \to 0} \Delta x = \mathrm{d}x \tag{2.2}$$
や
$$\lim_{\Delta t \to 0} \Delta t = \mathrm{d}t \tag{2.3}$$
を**微分**といいます．それらは「無限に小さい量」という意味をもっています．普通に微分と呼ばれる量 $\dfrac{\mathrm{d}x}{\mathrm{d}t}$ は正確には微分商のことで，無限に小さい微分 $\mathrm{d}x$ や $\mathrm{d}t$ の割り算になっています．

S 高等学校では，$\dfrac{\Delta x}{\Delta t}$ という比を先に考え，それからその極限を考えましたが，大学では，Δx や Δt の極限をとったものすなわち $\mathrm{d}x$ や $\mathrm{d}t$ を先に考えることがあるのですね．

P いま物理量 x が直線上を運動する**質点**(大きさが無視できる物体) の位置 (基準点からの距離) を表すことにしましょう．x は時間 t の関数になります．微分 $\dfrac{\mathrm{d}x}{\mathrm{d}t} = v$ は**速度**を表します．

S 微分という概念を使って，はじめて速度という物理量が導入されるのはおもしろいですね．だって，リミットをとるなんていかにも数学的ですから．

P 実際に測定できるのは，位置の平均変化率である平均速度だけなのです．それなのに，「瞬間における速度」という概念を導入し，それも物理量と考えます．そして，その速度が変化する場合には，その変化率をも考

えるのです．

S 加速度 $a = \dfrac{\mathrm{d}v}{\mathrm{d}t} = \dfrac{\mathrm{d}^2 x}{\mathrm{d}t^2}$ ですね．加速度も瞬間的に意味をもつ物理量と考えるのですね．

[例題 2.1] 位置，速度，加速度

直線上を運動する質点を考える．その直線を x 軸にとって，質点の位置を座標 $x\,[\mathrm{m}]$ で表す．位置が時間 $t\,[\mathrm{s}]$ とともに，$x = \sin t$ の関係で変化するとき，速度 $v\,[\mathrm{m/s}]$，加速度 $a\,[\mathrm{m/s^2}]$ を求めよ．x, v, a の時間変化の様子をグラフに表せ．

〔解 説〕 位置の変化率が速度であるから，速度 $v\,[\mathrm{m/s}] = \dfrac{\mathrm{d}x}{\mathrm{d}t} = \cos t$ となる．速度の変化率が加速度であるから，加速度 $a\,[\mathrm{m/s^2}] = \dfrac{\mathrm{d}v}{\mathrm{d}t} = -\sin t$ である．これらを図示すると図 2.2 のようになる．時刻 t における物理量の変化率は，時刻 t における曲線の接線の傾き $(\tan\theta)$ の値を表している．微分は物理量の変化がなめらかな曲線で表されるときにのみ意味をもつ．不連続な曲線やギザギザした曲線では，微分が不可能である点が現れる．

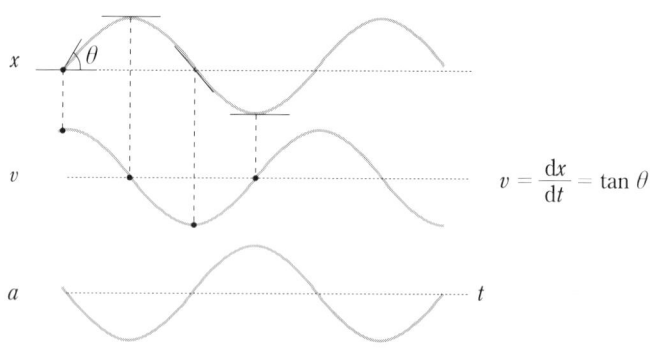

図 2.2 位置，速度，加速度の変化

[例題 2.2] ベクトルの微分

質点が平面上を運動している．質点の位置を直交座標 (x, y) で表す．質点の位置は直交座標系の原点から点 (x, y) を結ぶ矢印で表すこともできる．こ

れを**位置ベクトル r** という．位置ベクトル r が時間 t の関数として $r(t) = (10t)\boldsymbol{i} + (3t^2 + t)\boldsymbol{j}$ と表されるとき，**速度ベクトル $v(t)$**，**加速度ベクトル $a(t)$** を求めよ．ここで，ベクトル $\boldsymbol{i}, \boldsymbol{j}$ は，それぞれ，x 軸および y 軸方向の単位ベクトルである．

〔解 説〕 一般に，ベクトル $\boldsymbol{r}(t)$ をスカラー t で微分した微分ベクトル $\dfrac{\mathrm{d}\boldsymbol{r}}{\mathrm{d}t}$ は，

$$\frac{\mathrm{d}\boldsymbol{r}}{\mathrm{d}t} = \lim_{\Delta t \to 0} \frac{\boldsymbol{r}(t + \Delta t) - \boldsymbol{r}(t)}{(t + \Delta t) - t} \tag{2.4a}$$

で定義される．式 (2.4a) の右辺の分子はベクトルである．これは，図 2.3 のベクトル $\boldsymbol{r}$ で示されている．ベクトルの引き算は -1 倍したベクトルの足し算と同等である．また，分母はスカラーであることに注意せよ．ベクトルをスカラーで割るということは，そのスカラーの逆数をかけること (スカラー倍) と同等である．すなわち，式 (2.4a) は，

$$\frac{\mathrm{d}\boldsymbol{r}}{\mathrm{d}t} = \lim_{\Delta t \to 0} \frac{1}{(t + \Delta t) - t}\{\boldsymbol{r}(t + \Delta t) + (-1)\boldsymbol{r}(t)\} = \lim_{\Delta t \to 0} \frac{1}{\Delta t}\Delta\boldsymbol{r} \tag{2.4b}$$

と書くこともできる．ベクトルの足し算とスカラー倍の演算と極限をとる操作で微分ベクトルが定義されていることに注目されたい．微分ベクトルは，ベクトル $\dfrac{1}{\Delta t}\Delta\boldsymbol{r}$ において，Δt が無限に小さくなった極限として得られるベクトルである．この極限操作を，図 2.3 を見ながら頭の中でイメージしてみよ．微分ベクトル $\dfrac{\mathrm{d}\boldsymbol{r}}{\mathrm{d}t}$ は軌道の接線になっていることがわかる．

2 次元空間の位置ベクトルは，一般に，

$$\boldsymbol{r}(t) = x(t)\boldsymbol{i} + y(t)\boldsymbol{j} \tag{2.5}$$

と表される．ここで，ベクトル $\boldsymbol{i}, \boldsymbol{j}$ は，それぞれ，x 軸および y 軸方向の単位ベクトルである．式 (2.4a) は，式 (2.5) を使って，

$$\begin{aligned}
\frac{\mathrm{d}\boldsymbol{r}(t)}{\mathrm{d}t} &= \lim_{\Delta t \to 0} \frac{\{x(t + \Delta t)\boldsymbol{i} + y(t + \Delta t)\boldsymbol{j}\} - \{x(t)\boldsymbol{i} + y(t)\boldsymbol{j}\}}{(t + \Delta t) - t} \\
&= \lim_{\Delta t \to 0} \frac{\{x(t + \Delta t) - x(t)\}\boldsymbol{i} + \{y(t + \Delta t) - y(t)\}\boldsymbol{j}}{(t + \Delta t) - t} \\
&= \lim_{\Delta t \to 0} \frac{\{x(t + \Delta t) - x(t)\}}{(t + \Delta t) - t}\boldsymbol{i} + \lim_{\Delta t \to 0} \frac{\{y(t + \Delta t) - y(t)\}}{(t + \Delta t) - t}\boldsymbol{j}
\end{aligned}$$

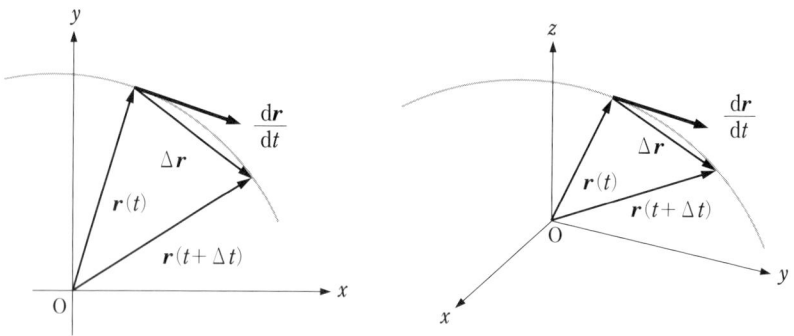

図 2.3 2 次元ベクトルの微分と 3 次元ベクトルの微分

$$= \frac{\mathrm{d}x(t)}{\mathrm{d}t}\bm{i} + \frac{\mathrm{d}y(t)}{\mathrm{d}t}\bm{j} \tag{2.6}$$

と変形できる．これより，「ベクトル $\bm{r}(t)$ を微分すること」は，「ベクトルの各成分を微分すること」と同等であることがわかる．すなわち，

$$\frac{\mathrm{d}}{\mathrm{d}t}\{x(t)\bm{i} + y(t)\bm{j}\} = \frac{\mathrm{d}x(t)}{\mathrm{d}t}\bm{i} + \frac{\mathrm{d}y(t)}{\mathrm{d}t}\bm{j} \tag{2.7}$$

である．この問題では，$x(t) = 10t, y(t) = 3t^2 + t$ であるから，速度 $\bm{v}(t)$ は，

$$\bm{v}(t) = \frac{\mathrm{d}\bm{r}(t)}{\mathrm{d}t} = \frac{\mathrm{d}}{\mathrm{d}t}\{(10t)\bm{i} + (3t^2 + t)\bm{j}\} = 10\bm{i} + (6t + 1)\bm{j}$$

となる．また，加速度 $\bm{a}(t)$ は，

$$\bm{a}(t) = \frac{\mathrm{d}\bm{v}(t)}{\mathrm{d}t} = \frac{\mathrm{d}}{\mathrm{d}t}\{10\bm{i} + (6t + 1)\}\bm{j} = 0\bm{i} + 6\bm{j}$$

である．ベクトルの微分の公式については，p.25 を参照されたい．

〔例題 2.3〕 円運動の速度ベクトルと加速度ベクトル

質点が円運動をしている．円運動の中心を基準点に選び，質点の位置をベクトルで表す．質点の位置ベクトルと速度ベクトルは直交することを示せ．

〔解 説〕 円運動を行うので位置ベクトル $\bm{r}$ の大きさは一定である．

$$\bm{r}\cdot\bm{r} = |\bm{r}|^2 = \mathrm{const}$$

両辺を時間で微分して (p.25 のベクトルの微分の公式 (1) を参照)，

$$\frac{\mathrm{d}\bm{r}}{\mathrm{d}t}\cdot\bm{r} + \bm{r}\cdot\frac{\mathrm{d}\bm{r}}{\mathrm{d}t} = 2\frac{\mathrm{d}\bm{r}}{\mathrm{d}t}\cdot\bm{r} = 0$$

を得る．したがって，$\dfrac{d\boldsymbol{r}}{dt} \cdot \boldsymbol{r} = 0$ である．内積がゼロであるから (p.5 例題 1.4 を参照)，位置ベクトルと速度ベクトルは直交している．

[例題 2.4]　**運動量，角運動量**

図 2.4 に示すように，質量 m の質点が 3 次元直交座標の xy 平面内で円運動を行っている．質点の位置ベクトルは $\boldsymbol{r}(t) = a\cos\omega t\,\boldsymbol{i} + a\sin\omega t\,\boldsymbol{j} + 0\,\boldsymbol{k}$ で表される．一般に，ベクトル $\boldsymbol{p} = m\boldsymbol{v}$ を **運動量**，外積ベクトル $\boldsymbol{L} = \boldsymbol{r} \times \boldsymbol{p}$ を **角運動量** という．ここで，角運動量の基準点は位置ベクトルの始点 (座標の原点) とした．ベクトル $\boldsymbol{i}, \boldsymbol{j}, \boldsymbol{k}$ は直交座標軸上の単位ベクトル，$\boldsymbol{v}$ は速度ベクトル，ω は **角速度** である．運動量ベクトル $\boldsymbol{p}$ と角運動量ベクトル $\boldsymbol{L}$ を求めよ．

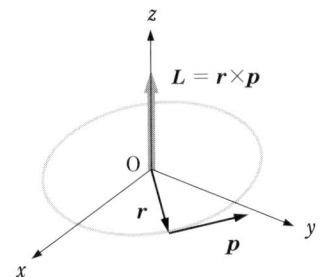

図 **2.4**　円運動の角運動量ベクトル

〔解説〕　速度ベクトルは，位置ベクトル $\boldsymbol{r}(t)$ を微分して，$\boldsymbol{v}(t) = -\omega a\sin\omega t\,\boldsymbol{i} + \omega a\cos\omega t\,\boldsymbol{j} + 0\,\boldsymbol{k}$ である．したがって，運動量ベクトルは，

$$\boldsymbol{p} = m\boldsymbol{v} = -m\omega a\sin\omega t\,\boldsymbol{i} + m\omega a\cos\omega t\,\boldsymbol{j} + 0\,\boldsymbol{k}$$

である．また，外積の公式 (1.5) を使って，角運動量ベクトルは，

$$\boldsymbol{L} = \boldsymbol{r} \times \boldsymbol{p} = \begin{vmatrix} \boldsymbol{i} & \boldsymbol{j} & \boldsymbol{k} \\ a\cos\omega t & a\sin\omega t & 0 \\ -m\omega a\sin\omega t & m\omega a\cos\omega t & 0 \end{vmatrix} = 0\,\boldsymbol{i} + 0\,\boldsymbol{j} + m\omega a^2\,\boldsymbol{k}$$

と表される．図 2.4 に示すように，角運動量ベクトルの方向は円軌道に垂直で，その大きさは $m\omega a^2$ に等しい．一般に，角運動量ベクトルの大きさは回転運動

の勢い(質量と回転半径と速度の積)に比例し，その方向は回転軸の方向と一致している．

章末問題

2.1 直線上を運動する質点を考えよう．その位置が時間 t [s] とともに，$x = \cos t$ の関係で変化するとき，速度 $v(t)$ [m/s]，加速度 $a(t)$ [m/s^2] を求めよ．これより，時刻 $t = \dfrac{\pi}{4}$ における速度と加速度を求めよ．また，$t = 0$ から $t = \dfrac{\pi}{4}$ の間の平均速度，平均加速度を計算せよ．

2.2 3次元空間中の位置ベクトル $\boldsymbol{r}$ が時間 t の関数として，$\boldsymbol{r}(t) = (\cos t)\,\boldsymbol{i} + (\sin t)\,\boldsymbol{j} + t\boldsymbol{k}$ と表されるとき，速度ベクトル $\boldsymbol{v}(t)$，加速度ベクトル $\boldsymbol{a}(t)$ を求めよ．これより，時刻 $t = \dfrac{\pi}{4}$ における速度ベクトルと加速度ベクトルを求めよ．また，$t = 0$ から $t = \dfrac{\pi}{4}$ の間の平均速度ベクトル，平均加速度ベクトルを計算せよ．ただし，$\boldsymbol{i}, \boldsymbol{j}, \boldsymbol{k}$ は，それぞれ x 軸，y 軸，z 軸方向の単位ベクトルである．

2.3 等速円運動をしている物体がある．この速度ベクトルと加速度ベクトルは直交することを示せ．

2.4 質量 m の質点が3次元空間中で円運動を行っている．質点の位置ベクトルは $\boldsymbol{r}(t) = a\sin\omega t\,\boldsymbol{i} + a\cos\omega t\,\boldsymbol{j} + 5\boldsymbol{k}$ で表される．角運動量ベクトル $\boldsymbol{L} = \boldsymbol{r} \times \boldsymbol{p}$ を求め，角運動量の z 成分が一定であることを示せ．ここで，$\boldsymbol{i}, \boldsymbol{j}, \boldsymbol{k}$ は直交座標軸上の単位ベクトル，$\boldsymbol{p}$ は運動量ベクトル，ω は角速度，a は円軌道の半径である．

微積分の公式 (スカラー)

$$\frac{\mathrm{d}}{\mathrm{d}t}\{x(t)+y(t)\} = \frac{\mathrm{d}x(t)}{\mathrm{d}t} + \frac{\mathrm{d}y(t)}{\mathrm{d}t} \tag{1}$$

$$\frac{\mathrm{d}}{\mathrm{d}t}\{x(t)y(t)\} = \frac{\mathrm{d}x(t)}{\mathrm{d}t}y(t) + x(t)\frac{\mathrm{d}y(t)}{\mathrm{d}t} \tag{2}$$

$$\frac{\mathrm{d}}{\mathrm{d}t}\{y(x(t))\} = \frac{\mathrm{d}y}{\mathrm{d}x}\frac{\mathrm{d}x}{\mathrm{d}t} \tag{3}$$

$$\frac{\mathrm{d}}{\mathrm{d}t}\left\{\frac{x(t)}{y(t)}\right\} = \frac{\frac{\mathrm{d}x}{\mathrm{d}t}y - x\frac{\mathrm{d}y}{\mathrm{d}t}}{y^2} \tag{4}$$

$$\frac{\mathrm{d}}{\mathrm{d}t}t^n = nt^{n-1} \tag{5}$$

$$\frac{\mathrm{d}}{\mathrm{d}t}\sin t = \cos t, \quad \frac{\mathrm{d}}{\mathrm{d}t}\cos t = -\sin t \tag{6}$$

$$\frac{\mathrm{d}}{\mathrm{d}t}\mathrm{e}^t = \mathrm{e}^t, \quad \frac{\mathrm{d}}{\mathrm{d}t}\ln t = \frac{1}{t} \tag{7}$$

$$\int \{x(t)+y(t)\}\,\mathrm{d}t = \int x(t)\,\mathrm{d}t + \int y(t)\,\mathrm{d}t \tag{8}$$

$$\int \left\{x(t)\frac{\mathrm{d}y(t)}{\mathrm{d}t}\right\}\mathrm{d}t = x(t)y(t) - \int \left\{\frac{\mathrm{d}x(t)}{\mathrm{d}t}y(t)\right\}\mathrm{d}t \tag{9}$$

$$\int \left\{y(x(t))\frac{\mathrm{d}x}{\mathrm{d}t}\right\}\mathrm{d}t = \int y(x)\,\mathrm{d}x \tag{10}$$

$$\int t^n\,\mathrm{d}t = \frac{1}{n+1}t^{n+1} + c \quad (n \neq -1) \tag{11}$$

$$\int \frac{1}{\sqrt{a^2-t^2}}\,\mathrm{d}t = \sin^{-1}\frac{t}{a} + c \tag{12}$$

$$\int \sin t\,\mathrm{d}t = -\cos t + c, \quad \int \cos t\,\mathrm{d}t = \sin t + c \tag{13}$$

$$\int \mathrm{e}^t\,\mathrm{d}t = \mathrm{e}^t + c, \quad \int \frac{1}{t}\,\mathrm{d}t = \log_\mathrm{e} t + c = \ln t + c \tag{14}$$

第3章

物理量の関係

P これまで勉強したことをまとめてみましょう．第1章でものの性質を数値化して表す方法を説明し，物理量という概念を導入しました．

S 単位を定義するのでしたね．

P 次に物理量が時間的に変化する場合，その変化の激しさ (時間変化率) を数値化する方法 (微分法) を勉強しました．そして，物理量の時間変化率 (物理量の時間微分) も物理量であることを知りました．

S たとえば，位置の時間微分が速度で，速度の時間微分は加速度でした．

P さてここで，第1章の最初に勉強したことを思い出してください．『人間は五感を使ってさまざまな情報を取得し，「科学する」という行為は，それらの情報の関係を探ることだ』といいました．ものの性質に関する情報は物理量という形で与えられます．だから，『さまざまな物理量の関係を探ることが「科学する」ことだ』ともいえます．

S 物理法則は，物理量の間にある関係を述べたものですね．

P 物理量の時間微分も物理量でしたから，物理法則は，物理量とその時間微分の関係を式で表すことによって表現できることになります．

S わかった．物理量とその時間微分の関係を式で表したものとは，**微分方程式** のことですから，物理法則は微分方程式で表されるということですね．

P また話が抽象的になってきたので，具体例で説明しましょう．

P ニュートンは，惑星の運動を調べているうちに，(質量 m) × (加速度 a) = (力 F) という関係を見つけました．これを，**運動の法則** (ニュートンの第2法則) といいます．

S 加速度は位置ベクトル r を使えば，$a = \dfrac{dv}{dt} = \dfrac{d^2 r}{dt^2}$ ですから，運動の

法則を微分を使って書けば，

$$m\frac{\mathrm{d}^2\boldsymbol{r}}{\mathrm{d}t^2} = \boldsymbol{F} \tag{3.1}$$

ですね．

P この式が微分方程式として意味をもつためには，力 $\boldsymbol{F}$ が位置ベクトル $\boldsymbol{r}$ の関数として具体的にわかっていなければなりません．これが与えられたとき，式 (3.1) は **運動方程式** となるのです．

S 惑星の運動の場合は，万有引力の法則がそれに相当しますね．

P ニュートンは (質量 m) × $\left(\text{加速度}\dfrac{\mathrm{d}^2\boldsymbol{r}}{\mathrm{d}t^2}\right)$ = (力 $\boldsymbol{F}$) という運動の法則と力 $\boldsymbol{F}$ を位置ベクトル $\boldsymbol{r}$ の関数として与える **万有引力の法則** をセットで発見したのです．セットで発見したから，その関係は微分方程式となり，それを解くことによって惑星の運動を理論的に説明できたのです．

P この発見のすごいところは，(質量 m) × $\left(\text{加速度}\dfrac{\mathrm{d}^2\boldsymbol{r}}{\mathrm{d}t^2}\right)$ = (力 $\boldsymbol{F}$) いう関係は，力の種類にかかわらず普遍的に成立することです．だから，運動方程式は惑星の運動に限らずどんな物体の運動であっても，それを正確に記述できるのです．

S ほんとうにすごいことですね．感激ですね．

P もっとも現代では，きわめて大きな速度で運動する物体や，電子のようにきわめて軽い物体が狭い空間中を運動するときには，ニュートンの記述の仕方ではうまくゆかないことがわかっています．このあたりについは，もう少し後で説明します (第 18 章，第 20 章を参照)．

[例題 3.1]　落体の運動方程式

　ガリレイはピサの斜塔から木の球と金属の球を同時に落下させ，それらがほぼ同じ時刻に着地することを発見し，落下運動の加速度は質量に依存しないで一定であることを結論した．落体の運動を記述する微分方程式を示せ．

〔解 説〕　この実験より，落下運動の様子 (位置や速度の変化する様子) は，物体の質量に依存しないことがわかる．したがって，落下運動の加速度も質量とは無関係に一定 (約 $9.8\,\mathrm{m/s^2}$) である．この定数を **重力加速度** といい，g で

20　第3章　物理量の関係

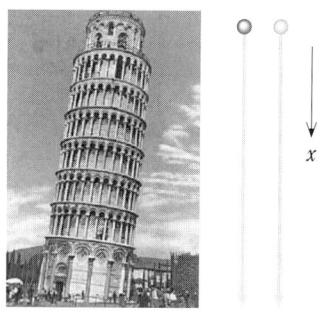

図 **3.1**　自由落下の運動

表す．質量 m の物体が落下しているときに作用している力(重力)は，質量に重力加速度をかけて $F = mg$ である．重力の方向と x 軸の正の方向を一致させて 1 次元座標をとる．運動方程式をスカラーで書くと，$m\dfrac{d^2 x}{dt^2} = mg$ となる．すなわち，

$$\frac{d^2 x}{dt^2} = g \tag{3.2}$$

を得る．

例題 **3.2**　**3 次元空間中の放物運動**

図 3.2 のように，重力が働く 3 次元の空間で物体をある初速度で放り出した．この物体の位置をベクトル $\boldsymbol{r}$ で表す．ベクトルによる運動方程式を示せ．ま

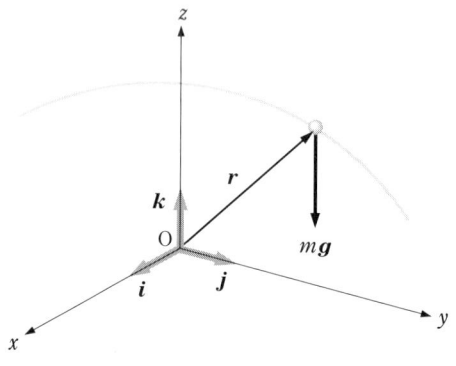

図 **3.2**　放物体の運動

た，運動方程式の x 成分，y 成分，z 成分を示せ．ただし，重力は z 軸の負の方向に作用している．

〔解 説〕 位置ベクトルを

$$\boldsymbol{r}(t) = x(t)\boldsymbol{i} + y(t)\boldsymbol{j} + z(t)\boldsymbol{k} \tag{3.3}$$

とすると，加速度ベクトル $\boldsymbol{a}$ は，

$$\boldsymbol{a}(t) = \frac{\mathrm{d}^2\boldsymbol{r}(t)}{\mathrm{d}t^2} = \frac{\mathrm{d}^2 x(t)}{\mathrm{d}t^2}\boldsymbol{i} + \frac{\mathrm{d}^2 y(t)}{\mathrm{d}t^2}\boldsymbol{j} + \frac{\mathrm{d}^2 z(t)}{\mathrm{d}t^2}\boldsymbol{k} \tag{3.4}$$

である．力は $\boldsymbol{F} = -mg\boldsymbol{k}$ である．したがって，運動方程式はベクトルを使って，

$$m\frac{\mathrm{d}^2\boldsymbol{r}(t)}{\mathrm{d}t^2} = -mg\boldsymbol{k} \tag{3.5}$$

と書ける．この式の左辺に式 (3.3) を代入して，両辺の各成分を比較すると，

$$m\frac{\mathrm{d}^2 x(t)}{\mathrm{d}t^2} = 0 \tag{3.6a}$$

$$m\frac{\mathrm{d}^2 y(t)}{\mathrm{d}t^2} = 0 \tag{3.6b}$$

$$m\frac{\mathrm{d}^2 z(t)}{\mathrm{d}t^2} = -mg \tag{3.6c}$$

を得る．

〔例題 3.3〕 中心力

図 3.3 に示すように，物体に作用する力 $\boldsymbol{F}$ がその位置 $\boldsymbol{r}$ にかかわらずつねに 1 つの決まった点 (力の中心と呼ぶ) を向くとき，これを**中心力**という．力の中心を原点とする座標系を考える．中心力の大きさが力の方向に依存しない場合には，$\boldsymbol{F}(\boldsymbol{r}) = f(r)\boldsymbol{r}$ と表される．ここで，$r = |\boldsymbol{r}|$ である．この運動の角運動量ベクトルを計算し，物体の角運動量の大きさは時間に依存しないで一定になることを示せ．

〔解 説〕 角運動量ベクトルは $\boldsymbol{L} = \boldsymbol{r} \times \boldsymbol{p}$ で与えられる (p.15 の例題 2.4 を参照)．ここで，$\boldsymbol{p}$ は運動量ベクトルである．p.25 のベクトルの公式 (4) を使って，この両辺を時間 t で微分すると，

$$\frac{\mathrm{d}\boldsymbol{L}}{\mathrm{d}t} = \frac{\mathrm{d}\boldsymbol{r}}{\mathrm{d}t} \times \boldsymbol{p} + \boldsymbol{r} \times \frac{\mathrm{d}\boldsymbol{p}}{\mathrm{d}t} \tag{3.7}$$

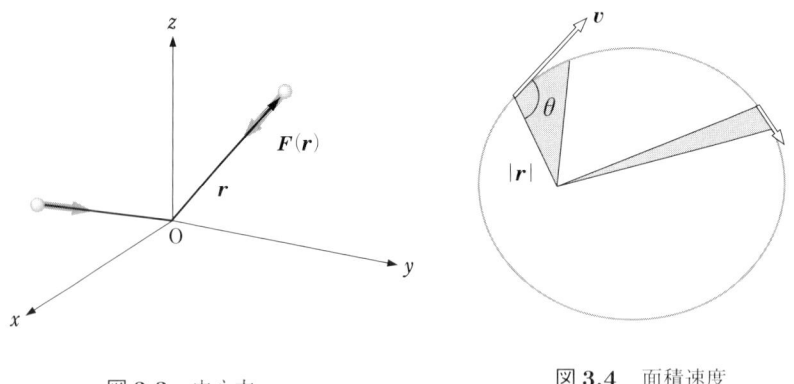

図 3.3　中心力　　　　　　　　図 3.4　面積速度

を得る．ここで，右辺の第 1 項は平行なベクトルの外積であるからゼロベクトルである (p.8 を参照)．第 2 項は，$\dfrac{d\boldsymbol{p}}{dt} = m\dfrac{d\boldsymbol{v}}{dt} = \boldsymbol{F}(\boldsymbol{r}) = f(r)\boldsymbol{r}$ であることに留意すると，やはりゼロベクトルになる．結局，式 (3.7) の右辺はゼロベクトルであるから，角運動量ベクトル $\boldsymbol{L}$ は時間に依存しないことがわかる．万有引力は中心力である．太陽のまわりを運動する惑星の角運動量 (太陽を基準点とする) の大きさは，時間に依存しない定数である．すなわち，$|\boldsymbol{L}| = |\boldsymbol{r}|m|\boldsymbol{v}|\sin\theta = $ 一定 である．図 3.4 において，一定時間 Δt の掃引面積 (図の色をつけた 3 角形の面積) は，$\dfrac{1}{2}|\boldsymbol{r}|m|\boldsymbol{v}|\Delta t \sin\theta$ であるから，この値は運動中一定である．これを **面積速度保存の法則** という．これより，惑星は太陽からの距離に反比例する速さ (速度の大きさ) で運動していることがわかる．

例題 3.4　運動量と角運動量の時間変化

運動方程式 $m\dfrac{d\boldsymbol{v}}{dt} = \boldsymbol{F}$ を考慮して，運動量の時間変化率 $\dfrac{d\boldsymbol{p}}{dt}$，角運動量の時間変化率 $\dfrac{d\boldsymbol{L}}{dt}$ に関する表式を求め，運動量，角運動量が保存する条件を示せ．

〔解 説〕　運動量の定義式 $\boldsymbol{p} = m\boldsymbol{v}$ の両辺を時間で微分すると，$\dfrac{d\boldsymbol{p}}{dt} = m\dfrac{d\boldsymbol{v}}{dt} = \boldsymbol{F}$ を得る．したがって，$\boldsymbol{F} = 0$ のとき，運動量の時間変化はない (**運動量保存則**)．また，$\boldsymbol{F} \neq 0$ であれば，$d\boldsymbol{p} = \boldsymbol{F}\,dt$ は有限である．これは運動量の変化は力のベクトルの方向に生じ，その大きさは力の大きさと時間をかけたもの (**力積**) に

等しいことを意味している.

角運動量の定義式 $\boldsymbol{L} = \boldsymbol{r} \times \boldsymbol{p}$ の両辺を時間で微分すると,$\dfrac{\mathrm{d}\boldsymbol{L}}{\mathrm{d}t} = \dfrac{\mathrm{d}\boldsymbol{r}}{\mathrm{d}t} \times \boldsymbol{p} + \boldsymbol{r} \times \dfrac{\mathrm{d}\boldsymbol{p}}{\mathrm{d}t}$ を得る.ここで $\dfrac{\mathrm{d}\boldsymbol{r}}{\mathrm{d}t} \times \boldsymbol{p} = 0$,$\dfrac{\mathrm{d}\boldsymbol{p}}{\mathrm{d}t} = \boldsymbol{F}$ を考慮すると,$\dfrac{\mathrm{d}\boldsymbol{L}}{\mathrm{d}t} = \boldsymbol{r} \times \boldsymbol{F}$ となる.この右辺 $\boldsymbol{r} \times \boldsymbol{F} = \boldsymbol{N}$ を**力のモーメント**(**トルク**)といい,力がものを原点のまわりに回転させる能力を表すベクトルである.トルクベクトル $\boldsymbol{N}$ の方向は回転面に垂直,すなわち回転軸の方向である.トルクがゼロの場合($\boldsymbol{F} = 0$ であるか,または $\boldsymbol{F} \neq 0$ であれば $\boldsymbol{r} /\!/ \boldsymbol{F}$ の場合),角運動量の時間変化はない(**角運動量保存則**).

章 末 問 題

3.1 図 3.5 に示すように,なめらかな水平面上に,ばねにつながった物体がある.ばねの一端は固定されている.ばねを伸ばしそっと離した.運動方程式を求めよ.ばねによって物体に作用する力は,ばねの伸び $x\,[\mathrm{m}]$ に比例し(その比例定数 k を**ばね定数**という),その方向はばねの伸びと反対方向である.これを**フックの法則**という.

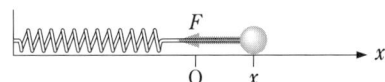

図 **3.5** ばねと質量

3.2 角運動量の時間変化率 $\dfrac{\mathrm{d}\boldsymbol{L}}{\mathrm{d}t}$ は,位置ベクトル $\boldsymbol{r}$ と力 $\boldsymbol{F}$ の外積 $\boldsymbol{r} \times \boldsymbol{F}$ に等しいことを示せ.外積 $\boldsymbol{r} \times \boldsymbol{F}$ は**トルク**または**力のモーメント**と呼ばれる.

3.3 質量 m の質点が xy 平面上を運動している.その位置ベクトルは,時間 t の関数として $\boldsymbol{r}(t) = a\sin t\,\boldsymbol{i} + a\cos t\,\boldsymbol{j}$ と与えられている.この質点に作用している力 $\boldsymbol{F}$,力のモーメント $\boldsymbol{r} \times \boldsymbol{F}$,角運動量 $\boldsymbol{L}$,角運動量の時間変化率 $\dfrac{\mathrm{d}\boldsymbol{L}}{\mathrm{d}t}$ を求めよ.

3.4 時刻 t において速度 $\boldsymbol{v} = v_x\boldsymbol{i} + v_y\boldsymbol{j} + v_z\boldsymbol{k}$ で運動していた質量 m の質点が,壁に衝突して時刻 $t + \mathrm{d}t$ に速度が $\boldsymbol{v} = v_x\boldsymbol{i} - v_y\boldsymbol{j} + v_z\boldsymbol{k}$ になった.こ

の衝突の前後での運動量の変化はいくらか．また，質点に作用した力の大きさの平均値 (時間平均) 及び力の方向を示せ．ただし，$\boldsymbol{i}, \boldsymbol{j}, \boldsymbol{k}$ は，それぞれ，x, y, z 軸方向の単位ベクトルである．

☕ Coffee Break：代数方程式と微分方程式

P わからない数 (未知数) x があり，それに**代数演算** (足し算，引き算，かけ算，わり算，開平) を行って得られる関係を，**代数方程式**といいます．

S **1 次方程式**とか **2 次方程式**ですね．

P たとえば，未知数 x と既知数 3 と 4 の間に，$4x + 3 = 0$ という関係があるとします (これは 1 つの代数方程式です)．未知数は $x = -3/4$ と決まってしまいます．これを，この**代数方程式の解**といいます．

S 2 次方程式は一般的に，
$$ax^2 + bx + c = 0 \tag{3.8}$$
と書け，その解は，
$$x = \frac{-b \pm \sqrt{b^2 - 4ac}}{2a} \tag{3.9}$$
と表されることを学びました．

P 代数方程式の次数は，その式の中に最高何乗の未知数の項が入っているかということで決まります．そして，代数方程式には，その次数の数だけ解があります．

P 次に，微分方程式を考えましょう．微分方程式では，未知なものは「数」ではなく「関数」です．

S **未知関数**と既知関数との間に関係があるのですね．

P まだわからないけれども，ある関数があります (未知関数)．それがあれば，その導関数 (微分して得られる関数) も考えられます．未知関数とその導関数と既知関数 (または既知数) との関係を式で表したものを**微分方程式**といいます．

S 具体例をあげて説明してください．

P それでは 2 階微分方程式，
$$\frac{\mathrm{d}^2 x}{\mathrm{d}t^2} + 4x = 0 \tag{3.10}$$
を考えましょう．ここで，x は数ではなく関数 $x(t)$ であることに注意してください．第 1 項は $x(t)$ を t で 2 回微分して得られた 2 階導関数です．

S 　**微分方程式**の階数は，その式の中に最高何階の導関数の項が入っているかで決まるのですね．そうすると，微分方程式の階数の数だけ解があるわけですか？

P 　そのとおり．微分方程式 (3.10) は 2 階ですから 2 つの独立な解があります．$x = \sin(2t)$ と $x = \cos(2t)$ が解になっていて，その **線形結合** (スカラー倍と足し算で結合すること) $x = C_1 \sin(2t) + C_2 \cos(2t)$ も解になります．ここで C_1 と C_2 は任意の定数です．これは **一般解** と呼ばれ，微分方程式 (3.10) のすべての解を一般的に表現しています．これに対し，$x = \sin(2t)$ と $x = \cos(2t)$ を **特殊解** といいます．微分方程式 (3.10) の一般解がその特殊解の線形結合で表すことができる原因は，微分方程式 (3.10) が **線形微分方程式** であるからです．これについては，また後で詳しく説明しましょう (p.52「重ね合わせの原理」を参照).

微積分の公式 (ベクトル)

$$\frac{d}{dt}\{\boldsymbol{A}(t) + \boldsymbol{B}(t)\} = \frac{d\boldsymbol{A}(t)}{dt} + \frac{d\boldsymbol{B}(t)}{dt} \tag{1}$$

$$\frac{d}{dt}\{c(t)\boldsymbol{A}(t)\} = \frac{dc(t)}{dt}\boldsymbol{A}(t) + c(t)\frac{d\boldsymbol{A}(t)}{dt} \tag{2}$$

$$\frac{d}{dt}\{\boldsymbol{A}(t) \cdot \boldsymbol{B}(t)\} = \frac{d\boldsymbol{A}(t)}{dt} \cdot \boldsymbol{B}(t) + \boldsymbol{A}(t) \cdot \frac{d\boldsymbol{B}(t)}{dt} \tag{3}$$

$$\frac{d}{dt}\{\boldsymbol{A}(t) \times \boldsymbol{B}(t)\} = \frac{d\boldsymbol{A}(t)}{dt} \times \boldsymbol{B}(t) + \boldsymbol{A}(t) \times \frac{d\boldsymbol{B}(t)}{dt} \tag{4}$$

$$\int \{\boldsymbol{A}(t) + \boldsymbol{B}(t)\}\, dt = \int \boldsymbol{A}(t)\, dt + \int \boldsymbol{B}(t)\, dt \tag{5}$$

$$\int \left\{\boldsymbol{A}(t) \cdot \frac{d\boldsymbol{B}(t)}{dt}\right\} dt = \boldsymbol{A}(t) \cdot \boldsymbol{B}(t) - \int \left\{\frac{d\boldsymbol{A}(t)}{dt} \cdot \boldsymbol{B}(t)\right\} dt \tag{6}$$

$$\int \left\{f(\boldsymbol{A}(t)) \cdot \frac{d\boldsymbol{A}}{dt}\right\} dt = \int f(\boldsymbol{A}) \cdot d\boldsymbol{A} \tag{7}$$

第4章

因果律

S 第3章で，運動方程式が微分方程式になることを学習しました．その微分方程式はどのようにして解けばよいのですか？

P 高等学校で2次方程式を習いましたね．2次方程式には「根の公式」があって，それを使えば必ず解が見つかります．すなわち，2次方程式は一般的に解けるのです．

S 根の公式を使わなくても，因数分解ができるときには，簡単に解が見つかります．

P 代数方程式は，4次方程式までは根の公式があって一般的に解けますが，5次以上の代数方程式には，根の公式が存在しないことが証明されています．

S それでは，5次以上の代数方程式は，因数分解ができたときに解けるということですね．

P しかし，因数を見つける一般的な処方はありません．因数分解の技術は，経験を積んで身につけるのです．

P 一般的な解法がない場合によく採られる手法は，分類学です．あらかじめ因数分解ができる形を分類しておく．そして，与えられた代数方程式を調べて，適当な項をまとめてみたり変数変換をしたりして，因数分解ができる形へ変形させます．

P 微分方程式の解法はこれと似ていて，一般的に解く方法がないので，あらかじめ解ける形を整理しておいて，式を変形させてそれに帰着させることを考えます．

S 因数分解と同様に微分方程式もたくさん問題を解けば，そのうちに解けるようになるということですね．

P ここでは，解ける形の例として，**変数分離型**について説明しましょう．変数分離型とは，

$$f(x)\,\mathrm{d}x = g(t)\,\mathrm{d}t \tag{4.1}$$

の形です．左辺は x だけの項，右辺は t だけの項になっていることに注目してください．

S 待ってください．そもそもこれが微分方程式ですか？

P それでは，

$$\frac{\mathrm{d}x}{\mathrm{d}t} = \frac{g(t)}{f(x)} \tag{4.2}$$

と書けば，気になりませんか．これらは同じ内容を表すのです．p.11 の微分と微分商の説明を思い起こしてください．通常微分と呼ばれる $\frac{\mathrm{d}x}{\mathrm{d}t}$ は，正確には微分商というべきであり，無限小量である微分 $\mathrm{d}x$ や $\mathrm{d}t$ の割り算の意味をもっています．割り算だから式 (4.2) を式 (4.1) のように書いてもよいわけです．

P 式 (4.1) の両辺に積分記号をかけて，

$$\int f(x)\,\mathrm{d}x = \int g(t)\,\mathrm{d}t \tag{4.3}$$

とします．この**積分**ができれば，左辺は x の関数，右辺は t の関数ですから，x が t の関数として求まることになります．これは，まさにこの**微分方程式の解**です．

S なるほど．でも，式 (4.1) の両辺に積分記号をかけるところが，あまりにも形式的で，いまひとつわかりにくいですね．そんなことをしてもよいのですか？

P それは，積分の定義がそうなっているのです．図 4.1 に示すように，積分するということは，無限に小さいものを無限にたくさん寄せ集めると有限の量になるという，簡単にいえば無限回の足し算の操作です．この場合，無限に小さい寄せ集めるべき量とは，$f(x)\,\mathrm{d}x$ とか $g(t)\,\mathrm{d}t$ です．有限の量 $g(t)$ と無限小量 $\mathrm{d}t$ の積は，やはり無限小ですからね．積分の定義を式で表現すれば，

$$\lim_{\Delta t \to 0} \sum_{i=1}^{n} g(t_i)\Delta t = \int g(t)\,\mathrm{d}t \tag{4.4}$$

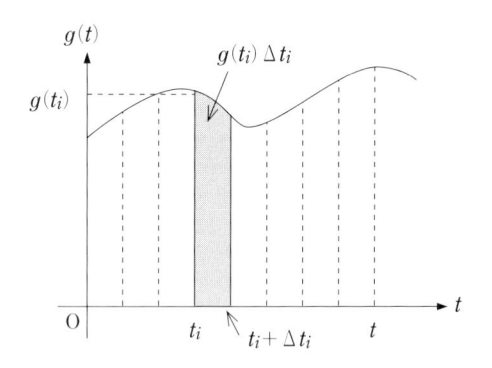

図 4.1　積分の定義

です．ここで，$\Delta t \to 0$(したがって，$n \to \infty$) としたときの $g(t)\Delta t$ の極限値を $g(t)\,dt$ と書き，それが寄せ集めるべき無限小量を表しています．

S　わかりました．寄せ集める量の間に式 (4.1) が成り立っていれば，それらを寄せ集めて，式 (4.3) が成立するのは，当然ですね．

[例題 4.1]　落体の運動方程式の解法

例題 3.1 で，落体の運動を記述する微分方程式を導いた．変数分離の方法を使って，その解を求めよ．**初期条件**($t=0$ のとき) を，$v=v_0, x=x_0$ とする．

[解説]　運動方程式は，
$$\frac{d^2 x}{dt^2} = g \tag{4.5}$$
である．$\frac{dx}{dt} = v$ とおくと，式 (4.5) は $\frac{dv}{dt} = g$ となり，
$$dv = g\,dt \tag{4.6}$$
と変数分離の形に書ける．この両辺に積分記号をかけて，
$$\int dv = \int g\,dt \tag{4.7}$$
を得る．ここで g は重力加速度の定数である．式 (4.7) は簡単に積分できて，$v + C_1 = gt + C_2$ となる．ここで，C_1, C_2 は積分定数で，任意の値をとるこ

とができる．これらの任意定数をまとめて $C = C_2 - C_1$ とおけば，

$$v = gt + C \tag{4.8}$$

を得る．$t = 0$ で $v = v_0$ であるから，これを式 (4.8) に代入して，$C = v_0$ を得る．したがって，

$$v = \frac{\mathrm{d}x}{\mathrm{d}t} = gt + v_0 \tag{4.9}$$

である．この式も変数分離の形に変形できて，

$$\mathrm{d}x = (gt + v_0)\,\mathrm{d}t \tag{4.10}$$

となる．これを積分して，前と同様の仕方で積分定数を決定すると，

$$x = \frac{1}{2}gt^2 + v_0 t + x_0 \tag{4.11}$$

を得る．式 (4.9) と式 (4.11) より，初期条件 ($t = 0$ のときの位置と速度) が与えられると未来における運動 (任意の時刻における位置と速度) が確実に決まってしまうことがわかる．これを **因果律** という．初期条件が与えられたときに，未来の運動を予測する問題を **初期値問題** という．初期値問題が解析的に解けるか否かは，運動方程式が積分できるか否かにかかっている．

[例題 4.2] **単振動の微分方程式の解法**

章末問題 3.1 で得られた微分方程式を変数分離の方法を使って積分し，解を求めよ．初期条件は，$t = 0$ のとき $x = x_0, v = v_0$ とする．

[解説] 章末問題 3.1 で得られる微分方程式は，以下の 2 階微分方程式 (p.24 の「代数方程式と微分方程式」を参照) である．

$$m\frac{\mathrm{d}^2 x}{\mathrm{d}t^2} = -kx \tag{4.12}$$

これは，$\frac{\mathrm{d}x}{\mathrm{d}t} = v$ とおくと，1 階の連立微分方程式に変換できる．すなわち，

$$\frac{\mathrm{d}v}{\mathrm{d}t} = -\frac{k}{m}x \tag{4.13a}$$

$$\frac{\mathrm{d}x}{\mathrm{d}t} = v \tag{4.13b}$$

を得る．式 (4.13a) と (4.13b) はそれぞれ，

$$m\,dv = -kx\,dt \tag{4.14a}$$

$$dx = v\,dt \tag{4.14b}$$

と書ける．式 (4.14a) と (4.14b) から dt を消去すると，

$$mv\,dv = -kx\,dx \tag{4.15}$$

となり，変数分離型になった．式 (4.15) の両辺に積分記号をかけて，

$$\int mv\,dv = \int -kx\,dx \tag{4.16}$$

を得る．これは簡単に積分できて，

$$\frac{1}{2}mv^2 + \frac{1}{2}kx^2 = C \tag{4.17}$$

となる．ただし，C は積分定数である．初期条件を式 (4.17) に代入すると，

$$C = \frac{m}{2}v_0^2 + \frac{k}{2}x_0^2 = e_0 \tag{4.18}$$

と定まる．ここで定数 e_0 は初期状態での力学的エネルギーという意味をもっている (第 5 章を参照)．したがって，式 (4.17) は，

$$\frac{1}{2}mv^2 + \frac{1}{2}kx^2 = e_0 \tag{4.19}$$

となる．この式を v について解き，式 (4.13b) を考慮すると，

$$\frac{dx}{dt} = \pm\sqrt{\frac{2e_0 - kx^2}{m}} = \pm\sqrt{\frac{k}{m}}\sqrt{\frac{2e_0}{k} - x^2} \tag{4.20}$$

を得る．これは変数分離できて，

$$\frac{1}{\sqrt{\dfrac{2e_0}{k} - x^2}}\,dx = \pm\sqrt{\frac{k}{m}}\,dt \tag{4.21}$$

となる．この両辺を積分して (p.17 の微積分の公式 (12) を参照)，

$$\sin^{-1}\left(\sqrt{\frac{k}{2e_0}}x\right) = \pm\sqrt{\frac{k}{m}}t + C \tag{4.22}$$

を得る．すなわち，

$$x = \sqrt{\frac{2e_0}{k}}\sin\left(\pm\sqrt{\frac{k}{m}}t + C\right) \tag{4.23}$$

となる．積分定数 C は以下のようにして決定できる．式 (4.23) を微分して，

$$v = \pm\sqrt{\frac{2e_0}{m}}\cos\left(\pm\sqrt{\frac{k}{m}}t + C\right) \tag{4.24}$$

を得る (複号同順)．式 (4.23) と式 (4.24) に $t = 0$ を代入し，初期条件を考慮すると，

$$x_0 = \sqrt{\frac{2e_0}{k}}\sin C, \quad v_0 = \pm\sqrt{\frac{2e_0}{m}}\cos C \tag{4.25}$$

となる．これより，

$$\tan C = \pm\frac{x_0}{v_0}\sqrt{\frac{k}{m}}, \quad C = \tan^{-1}\left(\pm\frac{x_0}{v_0}\sqrt{\frac{k}{m}}\right) \tag{4.26}$$

を得る．式 (4.26) を式 (4.23) に代入して，結局

$$x = \sqrt{\frac{2e_0}{k}}\sin\left(\sqrt{\frac{k}{m}}t + C\right), \quad \tan C = \frac{x_0}{v_0}\sqrt{\frac{k}{m}} \tag{4.27}$$

を得る．このとき，式 (4.26) で複号の負の場合に，

$$\tan^{-1}\left(-\frac{x_0}{v_0}\sqrt{\frac{k}{m}}\right) = \pi - \tan^{-1}\left(\frac{x_0}{v_0}\sqrt{\frac{k}{m}}\right) \tag{4.28}$$

が成立することを考慮した．

〔例題 4.3〕 放物運動の方程式の解法 (1)

例題 3.2 で，重力が働く 3 次元空間中の放物運動を考察した．ベクトルによる運動方程式 (3.5) の解を求めよ．初期条件を $\boldsymbol{r} = \boldsymbol{r}_0$, $\boldsymbol{v} = \boldsymbol{v}_0$ とする．

$$m\frac{d^2\boldsymbol{r}(t)}{dt^2} = -mg\boldsymbol{k} \tag{3.5}$$

〔解説〕 式 (3.5) を速度ベクトル $\boldsymbol{v}$ で表すと，

$$m\frac{d\boldsymbol{v}(t)}{dt} = -mg\boldsymbol{k} \tag{4.29}$$

を得る．したがって，

$$d\boldsymbol{v} = -g\,dt\boldsymbol{k} \tag{4.30}$$

である．両辺はベクトルであることに注意しよう．積分記号をかけて，

$$\int d\boldsymbol{v} = \int -g\boldsymbol{k}\,dt \tag{4.31}$$

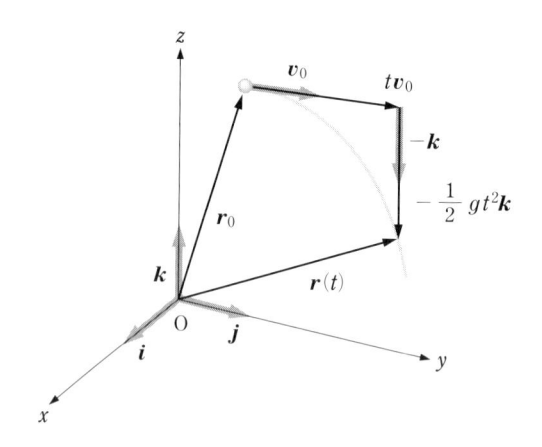

図 4.2 位置ベクトル $\boldsymbol{r}$ の時間変化

を得る．ここで積分記号をかけることは，微小ベクトルを無限にたくさん足し合わせることを意味している．左辺は，微小ベクトル $\mathrm{d}\boldsymbol{v}$ を無限にたくさん足し合わせて $\boldsymbol{v}$ となる．右辺は，定数ベクトル $-g\boldsymbol{k}$ を積分の外にくくり出して，$\int -g\boldsymbol{k}\,\mathrm{d}t = -g\boldsymbol{k}\int \mathrm{d}t$ とすれば，時間 t(スカラー) に関する積分になる．結局，

$$\boldsymbol{v}(t) = -gt\boldsymbol{k} + C \tag{4.32}$$

を得る．積分定数 C(ベクトル) は初期条件から，$C = \boldsymbol{v}_0$ と決まり，

$$\frac{\mathrm{d}\boldsymbol{r}(t)}{\mathrm{d}t} = -gt\boldsymbol{k} + \boldsymbol{v}_0 \tag{4.33}$$

となる．この式をもう一度 t で積分して，初期条件を考慮すると，

$$\boldsymbol{r}(t) = -\frac{1}{2}gt^2\boldsymbol{k} + t\boldsymbol{v}_0 + \boldsymbol{r}_0 \tag{4.34}$$

となる．式 (4.34) の意味を図 4.2 に示してある．この図を使って，時間経過とともに位置ベクトル $\boldsymbol{r}$ が動く様子をイメージしてみよ．

例題 4.4 放物運動の方程式の解法 (2)

例題 3.2 で，重力が働く 3 次元空間中の放物運動を考察した．ベクトルの成分による運動方程式 (3.6a)，(3.6b)，(3.6c) の解を求めよ．初期条件を

$\boldsymbol{r}(0) = x_0\,\boldsymbol{i} + y_0\,\boldsymbol{j} + z_0\,\boldsymbol{k},\ \boldsymbol{v}(0) = v_{0x}\,\boldsymbol{i} + v_{0y}\,\boldsymbol{j} + v_{0z}\,\boldsymbol{k}$ とする.

$$m\frac{\mathrm{d}^2 x(t)}{\mathrm{d}t^2} = 0 \tag{3.6a}$$

$$m\frac{\mathrm{d}^2 y(t)}{\mathrm{d}t^2} = 0 \tag{3.6b}$$

$$m\frac{\mathrm{d}^2 z(t)}{\mathrm{d}t^2} = -gt \tag{3.6c}$$

〔解説〕 式 (3.6a) を時間について積分すると,

$$\frac{\mathrm{d}x(t)}{\mathrm{d}t} = C \tag{4.35}$$

を得る.初期条件より,$C = v_{0x}$ となる.これを式 (4.35) に代入して,さらに時間で積分する.そして,そのとき現れる積分定数を初期条件から決めると,解は

$$x(t) = v_{0x}t + x_0 \tag{4.36}$$

となる.同様に式 (3.6b) を積分して,初期条件を考慮すると,

$$y(t) = v_{0y}t + y_0 \tag{4.37}$$

を得る.また,同様に式 (3.6c) を積分すれば,

$$z(t) = -\frac{1}{2}gt^2 + v_{0z}t + z_0 \tag{4.38}$$

を得る.x,y,z 成分に関する 3 つの式 (4.36), (4.37), (4.38) は,1 つのベクトル式 (4.34) と同等である.

章末問題

4.1 質量 m の質点が直線上を運動している.質点は速度 v に比例する減速力 $F = -kv$ を受けている ($k > 0$).運動方程式を示し,それを変数分離の方法で解け.初期条件を $x = x_0,\ v = v_0$ とする.

4.2 図 4.3 のように,重力が働く 2 次元空間において,物体を長さ L の細い糸で吊るして振り子をつくった.振り子の振れ角を θ とする.θ に関する微分方程式を示し,それを θ が十分小さい範囲内で近似せよ ($\sin\theta \approx \theta$ として

よい).運動方程式を変数分離の方法で解け.初期条件を $\theta = \theta_0$, $\dfrac{\mathrm{d}\theta}{\mathrm{d}t} = 0$ とする.

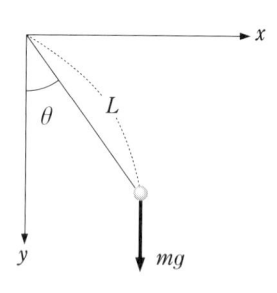

図 4.3 2次元単振り子

第 5 章

力学的エネルギー

P 図 5.1 のように，一直線 (x 軸) 上を運動する質点を考えます．質点に作用する力 F は質点がどの位置にいるかによって定まるとします．すなわち，力 F は位置 x の関数 $F(x)$ で与えられます．質点は，時刻 t_1 に位置 x_1 を速度 v_1 で通過し，時刻 t_2 に位置 x_2 に到達して，その速度が v_2 であったとします．

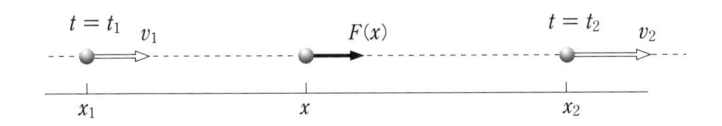

図 5.1 1 次元運動の仕事

P 任意の時刻において運動方程式，
$$m\frac{d^2 x}{dt^2} = F(x) \tag{5.1}$$
が成立します．これは，スカラーの式です．1 次元空間中の運動ですから，速度，加速度など，本来はベクトルで表すべき物理量がスカラーで表されています．

P 式 (5.1) の両辺に速度 $v = \dfrac{dx}{dt}$ をかけて，時刻 t_1 から t_2 まで積分した式
$$\int_{t_1}^{t_2} m\frac{dx}{dt}\frac{d^2 x}{dt^2}\, dt = \int_{t_1}^{t_2} F(x)\frac{dx}{dt}\, dt \tag{5.2}$$
を考えます．

S 式 (5.2) の左辺は，p.17 の積分の公式 (10), (11) を使って，
$$\int_{t_1}^{t_2} m\frac{dx}{dt}\frac{d^2 x}{dt^2}\, dt = \int_{t_1}^{t_2} mv\frac{dv}{dt}\, dt = \int_{v_1}^{v_2} mv\, dv = \frac{m}{2}v_2^2 - \frac{m}{2}v_1^2 \tag{5.3}$$

と計算できますね.

P 式 (5.2) の右辺もまた積分公式 (10) を使って,

$$\int_{t_1}^{t_2} F(x)\frac{\mathrm{d}x}{\mathrm{d}t}\,\mathrm{d}t = \int_{x_1}^{x_2} F(x)\,\mathrm{d}x = -\phi(x_2) + \phi(x_1) \tag{5.4}$$

と書けます. ここで $\phi(x)$ は,

$$\int_{x_0}^{x} F(x)\,\mathrm{d}x = -\{\phi(x) - \phi(x_0)\} \tag{5.5}$$

で定義されます. すなわち, $F(x)$ の不定積分の符号を変えたものを $\phi(x)$ で表しています. 式 (5.5) はそれを x で微分した式,

$$F(x) = -\frac{\mathrm{d}\phi(x)}{\mathrm{d}x} \tag{5.6}$$

と同等です.

P 式 (5.5) または式 (5.6) で定義される $\phi(x)$ を, 力 $F(x)$ の **ポテンシャル** といいます. また, 式 (5.5) の左辺の積分の値を **仕事** といいます. 高等学校の物理で, (仕事) = (力) × (距離) という公式を習いましたね. 力の大きさが一定であれば, 仕事は単に力と移動距離のかけ算です. 作用する力の大きさが質点の移動とともに変化する場合には, 微小距離 $\mathrm{d}x$ だけ移動したときの微小仕事 $F(x)\,\mathrm{d}x$ を無限にたくさん寄せ集めることになります. それが, 式 (5.5) の左辺の積分の意味です. 図 5.2 をながめて, この状況をよく理解してください.

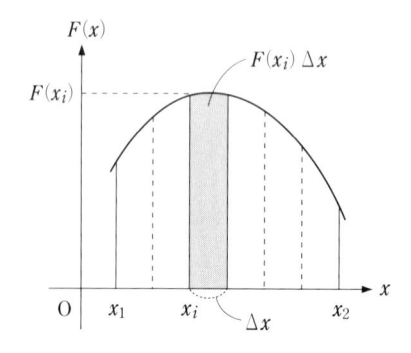

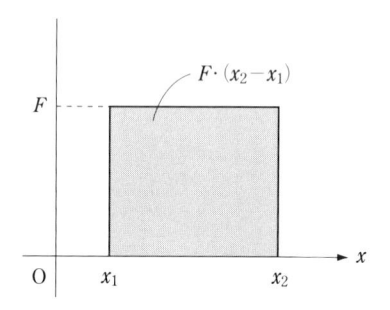

図 5.2 力と仕事

S 式 (5.2), (5.3), (5.4) から,
$$\frac{m}{2}v_2^2 - \frac{m}{2}v_1^2 = \int_{x_1}^{x_2} F(x)\,dx = -\{\phi(x_2) - \phi(x_1)\} \tag{5.7}$$
すなわち,
$$\frac{m}{2}v_2^2 + \phi(x_2) = \frac{m}{2}v_1^2 + \phi(x_1) \tag{5.8}$$
が成立しますね.

P ここで, $\frac{1}{2}mv^2$ を **運動エネルギー**, $\phi(x)$ を **位置エネルギー**, それらの和を **力学的エネルギー** といいます. 式 (5.8) は, 力学的エネルギーが時刻 t_1 と t_2 で変わらないことを意味しています. 任意の時刻 t_2 についてこの関係が成立しますから, 力学的エネルギーは, 運動のあいだ変化しない定数になります. これを **力学的エネルギーの保存則** といいます.

S 力のポテンシャル $\phi(x)$ は, 位置エネルギーという意味をもつのですね.

P 力のポテンシャルすなわち位置エネルギーは, 式 (5.5) または (5.6) で定義されています. 前者を **積分形式** の定義, 後者を **微分形式** の定義といいます. 式 (5.4) は,
$$\phi(x_2) = \phi(x_1) - \int_{x_1}^{x_2} F(x)\,dx \tag{5.9a}$$
と書けます. 式 (5.9a) の右辺の積分は力 F による仕事です. 式 (5.9a) より, 力 F が作用して質点を位置 x_1 から位置 x_2 まで移動すると, そのときに力がした仕事の分だけ, 位置エネルギーが減少することがわかります.

S また, 式 (5.9a) を
$$\phi(x_2) = \phi(x_1) + \int_{x_1}^{x_2} (-F(x))\,dx \tag{5.9b}$$
と書いて, この式を以下のように読むこともできます. 位置 x_2 における力のポテンシャル $\phi(x_2)$ は, 位置 x_1 における力のポテンシャル $\phi(x_1)$ とくらべて, 実際に働く力 F と逆向きの力 $-F$ を作用させて x_1 から x_2 まで移動させたときの仕事の分だけ大きくなる.

S 質点に力が作用して仕事をすると, その分だけ運動エネルギーが増加し, そしてその分だけ位置エネルギーが減少するわけですね. これは,

式 (5.7) から読み取ることができます．

P これまでの説明が一般的すぎてわかりにくい人のために，例題 5.1 に重力を例にとって，これまでの説明を繰り返してあります．力のポテンシャルを具体例でイメージできるようにしてください．

S 運動エネルギーが $\frac{1}{2}mv^2$ であるとか，(仕事) = (力) × (距離) といった公式は，高等学校でも暗記した記憶があります．これらの概念や公式が運動方程式と密接に関係していることがわかりました．内容がわかってしまえば，一般的な説明の方がきれいで魅力的ですね．

〔例題 5.1〕 **重力のポテンシャル**

地表面から高さ h の場所に質量 m の質点がある．この質点を初速度ゼロで落下させた．地表に到達したときの速度を求めよ．位置エネルギーは落下によってどれだけ変化したか．また一般に，高さ y での位置エネルギーの表式を求めよ．図 5.3 において，重力は y 軸の負の方向に働き，その大きさは mg である．

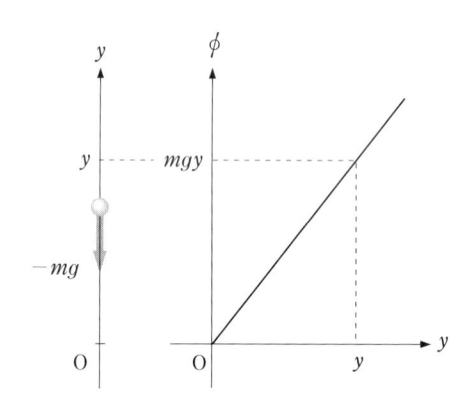

〔解説〕 運動方程式は，
$$m\frac{d^2 y}{dt^2} = -mg \tag{5.10}$$

図 5.3 重力による位置エネルギー

となる．この両辺に速度 $\dfrac{dy}{dt}$ をかけて，$t=0$ から $t=T$ まで積分すると，

$$\int_0^T m\frac{dy}{dt}\frac{d^2y}{dt^2}\,dt = \int_0^T -mg\frac{dy}{dt}\,dt \tag{5.11}$$

を得る．ここで，T は落下に要する時間である．この式は，

$$\frac{m}{2}\int_0^T \frac{d}{dt}\left(\frac{dy}{dt}\right)^2 dt = \int_h^0 -mg\,dy \tag{5.12}$$

と変形され (p.17 の微積分の公式 (10) を参照)，左辺を積分して，

$$\frac{m}{2}\{v(T)\}^2 - \frac{m}{2}\{v(0)\}^2 = \int_h^0 -mg\,dy \tag{5.13}$$

を得る．この式は，「運動エネルギーの変化は，重力 $-mg$ のした仕事に等しい」ことを意味している．すなわち，落下時に重力がした仕事の分だけ，運動エネルギーが増加している．式 (5.13) の右辺を積分して，

$$\int_h^0 -mg\,dy = [-mgy]_h^0 = -mg(0-h) \tag{5.14}$$

を得る．これは，重力による仕事によって，位置エネルギーがはじめの値 mgh からゼロまで減少したことを示している．式 (5.13)，(5.14) より，

$$\frac{m}{2}\{v(T)\}^2 = \frac{m}{2}\{v(0)\}^2 + mgh \tag{5.15}$$

を得る．これは力学的エネルギーの保存則である．ここで，右辺の第 1 項は題意よりゼロである．したがって，落下時の速度は式 (5.15) を $v(T)$ について解いて，

$$v(T) = \pm\sqrt{2gh} \tag{5.16}$$

を得る．落下方向は，y 軸の負の方向なので，複号のうち負を採用したものが答である．

一般に，高さ y の場所での位置エネルギーは，その定義式 (5.5) から計算できて，

$$\phi(y) - \phi(0) = -\int_0^y -mg\,dy = mg(y-0) = mgy \tag{5.17}$$

を得る．高さゼロの位置エネルギーの値をゼロと定義すると $\phi(0) = 0$ である．したがって，

$$\phi(y) = \int_0^y mg\, dy = mgy \tag{5.18}$$

となる．重力のポテンシャル式 (5.18) を図 5.3 のグラフで示す．この図から，$-mg$ に逆向きの力 mg を加えて（重力に逆らって），高さゼロの点から高さ y の点まで持ち上げたとき，その仕事によって，位置エネルギー（重力のポテンシャル）がゼロから mgy の値まで増加することがわかる．

[例題 5.2] ばねの力のポテンシャル

図 5.4 のように，なめらかな水平面上にばねにつながった質点がある．ばねを指で引っ張って，ばねのつり合いの位置（ばねの自然の長さ）から x だけ伸ばした．このとき指が行う仕事はいくらか．ばね定数を k とする．

〔解説〕 ばねによって質点に作用する力は $F = -kx$ と表される．指にそれと逆方向の力を作用させなければ，ばねを伸ばすことができない．したがって，指がばねを引っ張る力は $-F = kx$ である．指がする仕事 W は，

$$W = \int_0^x kx\, dx = \frac{k}{2}x^2 \tag{5.19}$$

である．このエネルギーは位置エネルギーとしてばねに蓄えられる．伸ばした

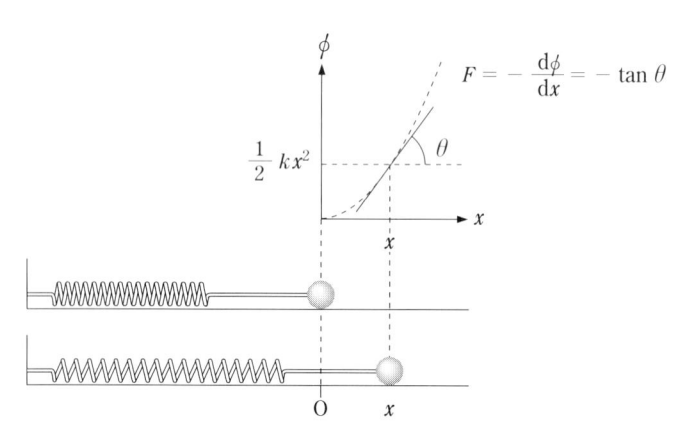

図 5.4 ばねの力による位置エネルギー

ばねを離せば,運動を開始できる.力のポテンシャル(位置エネルギー)とは運動を起こす潜在能力である.

P これまでは1次元の運動のエネルギー保存則について考えましたが,大学のレベルでは,3次元空間中の質点の運動を記述するためにベクトルの微積分を使います.そのとき仕事は線積分で表現されます.

S 線積分とは何ですか? 普通の積分とどのように違うのですか?

P 少しずつ説明しましょう.図5.5のように3次元空間中を運動する質点を考えます.時刻 t における質点の位置を位置ベクトル $\boldsymbol{r}(t)$ で表します.位置ベクトル $\boldsymbol{r}$ で指定される場所では,質点にベクトル $\boldsymbol{F}$ の力が作用するとします.力は場所の関数 $\boldsymbol{F}(\boldsymbol{r})$ として与えられています.質量 m の質点が,時刻 t_1 に位置 $\boldsymbol{r}_1$ を速度 $\boldsymbol{v}_1$ で通過し,時刻 t_2 には位置 $\boldsymbol{r}_2$ に到達し,速度が $\boldsymbol{v}_2$ であったとします.

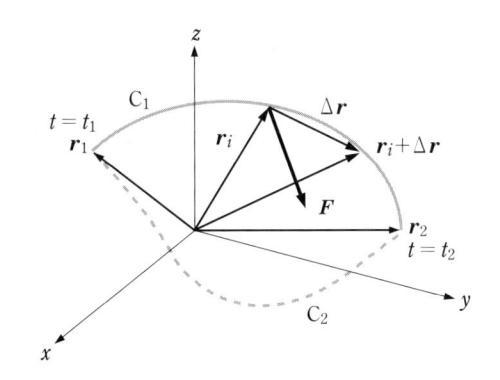

図**5.5** 3次元運動の仕事

P 運動方程式は,ベクトルを使って,
$$m\frac{\mathrm{d}^2\boldsymbol{r}}{\mathrm{d}t^2} = \boldsymbol{F}(\boldsymbol{r}) \tag{5.20}$$
と書けます.

S 1次元の場合と同様に,運動方程式(5.20)の両辺に速度をかけて時間で積分するのですね.

P 運動方程式の両辺はベクトルですから，それらと速度ベクトルの内積をとって，それを時間について積分するのです．式で書けば，

$$\int_{t_1}^{t_2} m \frac{d\bm{r}}{dt} \cdot \frac{d^2\bm{r}}{dt^2} dt = \int_{t_1}^{t_2} \bm{F}(\bm{r}) \cdot \frac{d\bm{r}}{dt} dt \qquad (5.21)$$

となります．

S 内積をとったので，この式の両辺はスカラーですね．

P p.25 にあるベクトルの微積分の公式 (3) を使うと，式 (5.21) の左辺は，

$$\int_{t_1}^{t_2} m \frac{d\bm{r}}{dt} \cdot \frac{d^2\bm{r}}{dt^2} dt = \int_{t_1}^{t_2} \frac{m}{2} \frac{d}{dt}\left(\frac{d\bm{r}}{dt} \cdot \frac{d\bm{r}}{dt}\right) dt$$

$$= \frac{m}{2}\left[\frac{d\bm{r}}{dt} \cdot \frac{d\bm{r}}{dt}\right]_{t_1}^{t_2}$$

$$= \frac{m}{2}[\bm{v} \cdot \bm{v}]_{t_1}^{t_2} = \frac{m}{2}v_2^2 - \frac{m}{2}v_1^2 \qquad (5.22)$$

と計算できます．

P 式 (5.22) の積分の変形が理解しにくい人は，p.25 のベクトルの微積分の公式 (3) を使って，

$$\frac{d}{dt}\left(\frac{d\bm{r}}{dt} \cdot \frac{d\bm{r}}{dt}\right) = \frac{d^2\bm{r}}{dt^2} \cdot \frac{d\bm{r}}{dt} + \frac{d\bm{r}}{dt} \cdot \frac{d^2\bm{r}}{dt^2} = 2\frac{d\bm{r}}{dt} \cdot \frac{d^2\bm{r}}{dt^2} \qquad (5.23)$$

を計算しておくとよいでしょう．

S 式 (5.23) を $\frac{m}{2}$ 倍した項を積分したものが，式 (5.22) になっていますね．

P 次に，式 (5.21) の右辺は，ベクトルの微積分の公式 (7) を使って，

$$\int_{t_1}^{t_2} \bm{F}(\bm{r}) \cdot \frac{d\bm{r}}{dt} dt = \int_{\bm{r}_1}^{\bm{r}_2} \bm{F}(\bm{r}) \cdot d\bm{r} \qquad (5.24)$$

となります．ここで積分の中身は内積ですから，スカラーであることに注意してください．この式の右辺に現れたものが**線積分**です．これは，質点が位置 $\bm{r}_1$ から $\bm{r}_2$ にまで移動する経路上で，$\bm{F}(\bm{r}) \cdot d\bm{r}$ なる無限小量を無限にたくさん足し合わせる (積分する) 操作です．

S 内積 $\bm{F}(\bm{r}) \cdot d\bm{r} = |\bm{F}(\bm{r})||d\bm{r}|\cos\theta$ はスカラーで，質点が位置 $\bm{r}$ から位置 $\bm{r} + d\bm{r}$ まで移動したときに力 $\bm{F}(\bm{r})$ のする仕事の大きさですね．

P 図 5.5 を使って説明を続けましょう．線積分は，その名のとおり，積分の経路が線で与えられないと意味がありません．これが，図 5.5 の C_1

のように与えられたとします．この経路を n 個の小区間に分割します．各小区間で仕事 $\boldsymbol{F}(\boldsymbol{r}_i)\Delta\boldsymbol{r}_i$ を計算し，それらの和を求めます．そして $n\to\infty$（したがって $\Delta\boldsymbol{r}\to 0$）としたとき，その和の極限値を経路 C_1 上の線積分といいます．式で書けば，

$$W = \int_{\mathrm{C}_1} \boldsymbol{F}(\boldsymbol{r})\cdot\mathrm{d}\boldsymbol{r} = \lim_{\Delta\boldsymbol{r}\to 0}\sum_{i=1}^{n}\boldsymbol{F}(\boldsymbol{r}_i)\cdot\Delta\boldsymbol{r}_i \tag{5.25}$$

となります．ここで，積分の添え字 C_1 は，線積分の経路が図の C_1 であることを明示しています．この線積分は，経路 C_1 に沿って質点を移動したときに力 $\boldsymbol{F}$ がする仕事量 W を表しています．図 5.5 の点線で表わした別の経路 C_2（始点と終点は経路 C_1 と同一）上で線積分を行えば，一般に異なる値が得られます．

P　いま，線積分が経路に依存しない特別の場合を考えるならば，積分に経路の添え字を書く必要がありません．線積分の値は，経路にかかわらず始点と終点で決まってしまいますから，添え字を書く必要がないのです．すなわち，

$$\int_{\boldsymbol{r}_1}^{\boldsymbol{r}_2}\boldsymbol{F}(\boldsymbol{r})\cdot\mathrm{d}\boldsymbol{r} = -\{\phi(\boldsymbol{r}_2)-\phi(\boldsymbol{r}_1)\} \tag{5.26}$$

と書けます．ここで，式 (5.26) の右辺の負号に注意してください．左辺の「不定線積分」を $-\phi(\boldsymbol{r})$ で表しています．

S　この値は，始点 $\boldsymbol{r}_1$ から終点 $\boldsymbol{r}_2$ まで移動したときの仕事量ですね．それが移動経路に依存しない場合を考えているのですね．

P　位置 $\boldsymbol{r}_0$ を基準点とした場合，位置 $\boldsymbol{r}$ における力のポテンシャルの値を，

$$\phi(\boldsymbol{r}) = \phi(\boldsymbol{r}_0) - \int_{\boldsymbol{r}_0}^{\boldsymbol{r}}\boldsymbol{F}(\boldsymbol{r})\cdot\mathrm{d}\boldsymbol{r} \tag{5.27}$$

で定義します．これは式 (5.26) を書き換えた式です．通常，基準点における力のポテンシャル $\phi(\boldsymbol{r}_0)$ はゼロに選びます．この場合には，

$$\phi(\boldsymbol{r}) = \int_{\boldsymbol{r}_0}^{\boldsymbol{r}} -\boldsymbol{F}(\boldsymbol{r})\cdot\mathrm{d}\boldsymbol{r} \tag{5.28}$$

が力のポテンシャルの定義式です．力が作用する空間において，その力に逆らって基準点 $\boldsymbol{r}_0$ から位置 $\boldsymbol{r}$ まで移動する際にする仕事が，位置 $\boldsymbol{r}$

における力のポテンシャル $\phi(\boldsymbol{r})$ になります．ポテンシャルの定義は，線積分が積分経路に依存しないことが前提となっていることに注意が必要です．

S　式 (5.21)，(5.22)，(5.24)，(5.26) から，力学的エネルギーの保存則，
$$\frac{m}{2}\boldsymbol{v}_2^2 + \phi(\boldsymbol{r}_2) = \frac{m}{2}\boldsymbol{v}_1^2 + \phi(\boldsymbol{r}_1) \tag{5.29}$$
が導かれますね．

P　力学的エネルギーが保存するのは，線積分 (5.25) が経路に依存しないことに起因しています．すなわち，仕事量が移動経路に依存しないで，式 (5.26) のように始点と終点だけで一意的に決まってしまうことと関係しているのです．

S　式 (5.28) は力のポテンシャルの定義になっていますから，力 $\boldsymbol{F}(\boldsymbol{r})$ が具体的に与えられた場合，この式を使って，力のポテンシャルを計算できますね．

P　そのとおり．そのためには，線積分を実際に計算できないといけないですね．計算の仕方は，例題 5.6 および例題 5.7 で説明します．

S　ベクトルの微積分を使って，3次元空間での力学的エネルギーの保存則を勉強しましたが，出てきた式をよく見ると，1次元の場合の式と非常に似ていることがわかります．たとえば，式 (5.27) は式 (5.5) に対応しています．

P　確かに形は似ていますが，式 (5.5) は普通の積分ですが，式 (5.28) は線積分です．3次元空間の場合と1次元の場合とで，式が似ている原因は，「スカラーの微積分の公式」と「ベクトルの微積分の公式」がほとんど同じ形をしているためです．p.17 の「微積分の公式 (スカラー)」と p.25 の「微積分の公式 (ベクトル)」をよく見比べてみてください．

〔例題 5.3〕　**3次元直交座標による仕事の成分表示**

位置 $\boldsymbol{r} = x\boldsymbol{i} + y\boldsymbol{j} + z\boldsymbol{k}$ に作用する力が $\boldsymbol{F} = F_x(x,y,z)\boldsymbol{i} + F_y(x,y,z)\boldsymbol{j} + F_z(x,y,z)\boldsymbol{k}$ と表されるとき，式 (5.24) の両辺をベクトルの成分を使って表せ．

$$\int_{t_1}^{t_2} \boldsymbol{F}(\boldsymbol{r}) \cdot \frac{\mathrm{d}\boldsymbol{r}}{\mathrm{d}t}\,\mathrm{d}t = \int_{\boldsymbol{r}_1}^{\boldsymbol{r}_2} \boldsymbol{F}(\boldsymbol{r}) \cdot \mathrm{d}\boldsymbol{r} \tag{5.24}$$

〔解 説〕 式 (5.24) の左辺は，

$$\begin{aligned}
\int_{t_1}^{t_2} \boldsymbol{F}(\boldsymbol{r}) \cdot \frac{\mathrm{d}\boldsymbol{r}}{\mathrm{d}t}\,\mathrm{d}t &= \int_{t_1}^{t_2} (F_x \boldsymbol{i} + F_y \boldsymbol{j} + F_z \boldsymbol{k}) \cdot \left(\frac{\mathrm{d}x}{\mathrm{d}t}\boldsymbol{i} + \frac{\mathrm{d}y}{\mathrm{d}t}\boldsymbol{j} + \frac{\mathrm{d}z}{\mathrm{d}t}\boldsymbol{k} \right) \mathrm{d}t \\
&= \int_{t_1}^{t_2} \left(F_x \frac{\mathrm{d}x}{\mathrm{d}t} + F_y \frac{\mathrm{d}y}{\mathrm{d}t} + F_z \frac{\mathrm{d}z}{\mathrm{d}t} \right) \mathrm{d}t \\
&= \int_{\boldsymbol{r}_1}^{\boldsymbol{r}_2} F_x\,\mathrm{d}x + F_y\,\mathrm{d}y + F_z\,\mathrm{d}z
\end{aligned}$$

となって，式 (5.24) の右辺に等しい．右辺に含まれる $\mathrm{d}\boldsymbol{r}$ は直交座標では，

$$\mathrm{d}\boldsymbol{r} = \mathrm{d}x\,\boldsymbol{i} + \mathrm{d}y\,\boldsymbol{j} + \mathrm{d}z\,\boldsymbol{k} \tag{5.30}$$

と書けることに注意が必要である．

例題 5.4 微分演算子 grad

力とそのポテンシャルの関係式 (5.28) を，直交座標によるベクトルの成分表示を使って表せ．

$$\phi(\boldsymbol{r}) = \int_{\boldsymbol{r}_0}^{\boldsymbol{r}} -\boldsymbol{F}(\boldsymbol{r}) \cdot \mathrm{d}\boldsymbol{r} \tag{5.28}$$

これより，力のベクトルの成分 F_x, F_y, F_z と力のポテンシャル ϕ との関係を求めよ．

〔解 説〕 式 (5.28) は，式 (5.30) を使って，

$$\int_{\boldsymbol{r}_0}^{\boldsymbol{r}(x,y,z)} F_x\,\mathrm{d}x + F_y\,\mathrm{d}y + F_z\,\mathrm{d}z = -\phi(x,y,z) \tag{5.31}$$

と書ける．この両辺は x, y, z の関数，$\boldsymbol{r}_0$ は定ベクトルである．この両辺を x で偏微分すると (偏微分については p.51 の「全微分と偏微分」を参照)，

$$F_x = -\frac{\partial \phi}{\partial x} \tag{5.32a}$$

を得る．同様に，y, z で偏微分して，

$$F_y = -\frac{\partial \phi}{\partial y} \tag{5.32b}$$

$$F_z = -\frac{\partial \phi}{\partial z} \tag{5.32c}$$

を得る．なお，式 (5.32a), (5.32b), (5.32c) は，式 (5.31) の右辺に，

$$\phi = \int_{\boldsymbol{r}_0}^{\boldsymbol{r}(x,y,z)} \mathrm{d}\phi = \int_{\boldsymbol{r}_0}^{\boldsymbol{r}(x,y,z)} \frac{\partial \phi}{\partial x}\mathrm{d}x + \frac{\partial \phi}{\partial y}\mathrm{d}y + \frac{\partial \phi}{\partial z}\mathrm{d}z \tag{5.33}$$

を代入して (p.51 の One Point「全微分と偏微分」の中の式 (5.50) を参照)，両辺を比較することによって得ることもできる．以上より，

$$\begin{aligned}\boldsymbol{F} = F_x\,\boldsymbol{i} + F_y\,\boldsymbol{j} + F_z\,\boldsymbol{k} &= -\left(\frac{\partial \phi}{\partial x}\,\boldsymbol{i} + \frac{\partial \phi}{\partial y}\,\boldsymbol{j} + \frac{\partial \phi}{\partial z}\,\boldsymbol{k}\right)\\ &= -\left(\frac{\partial}{\partial x}\,\boldsymbol{i} + \frac{\partial}{\partial y}\,\boldsymbol{j} + \frac{\partial}{\partial z}\,\boldsymbol{k}\right)\phi = -\operatorname{grad}\phi \end{aligned} \tag{5.34}$$

を得る．ここで，grad は

$$\operatorname{grad} = \frac{\partial}{\partial x}\,\boldsymbol{i} + \frac{\partial}{\partial y}\,\boldsymbol{j} + \frac{\partial}{\partial z}\,\boldsymbol{k} \tag{5.35}$$

で定義される**演算子**である．演算子とは，**作用素**とも呼ばれ，関数，ベクトルなど数学の要素にかかって，新しい要素を生成するものである．演算子 grad は，スカラー関数にかかって偏微分の操作でベクトルを生成する演算子である．記号 grad の代わりに ∇ (ナブラ) が使われる場合がある．式 (5.34) は，微分形式で力とそのポテンシャルの関係を表している．これに対し，式 (5.28) は同じ関係を積分形式で表現している．

〔例題 5.5〕 **万有引力のポテンシャル**

惑星と太陽との間には万有引力が作用している．太陽を原点にとる直交座標系において，万有引力のポテンシャルは，

$$\phi(x,y,z) = -G\frac{mM}{r}, \qquad r = \sqrt{x^2 + y^2 + z^2} \tag{5.36}$$

と表される．ここで，G は万有引力の定数，M は太陽の質量，m は惑星の質量，(x,y,z) は惑星の位置座標である．惑星に作用する万有引力を直交座標系の単位ベクトル $\boldsymbol{i}, \boldsymbol{j}, \boldsymbol{k}$ を使って表示せよ．

〔解 説〕 式 (5.34), (5.36) より，

$$\boldsymbol{F} = -\operatorname{grad}\left(-G\frac{mM}{r}\right) = GmM\left(\frac{\partial}{\partial x}\,\boldsymbol{i} + \frac{\partial}{\partial y}\,\boldsymbol{j} + \frac{\partial}{\partial z}\,\boldsymbol{k}\right)\frac{1}{\sqrt{x^2+y^2+z^2}}$$

$$= -GmM\left(\frac{x}{(x^2+y^2+z^2)^{\frac{3}{2}}}\boldsymbol{i} + \frac{y}{(x^2+y^2+z^2)^{\frac{3}{2}}}\boldsymbol{j} + \frac{z}{(x^2+y^2+z^2)^{\frac{3}{2}}}\boldsymbol{k}\right)$$

$$\left(= -G\frac{mM}{r^3}\boldsymbol{r} = -G\frac{mM}{r^2}\frac{\boldsymbol{r}}{|\boldsymbol{r}|}\right) \tag{5.37}$$

を得る．ここで，$r = |\boldsymbol{r}|$ であり，$\dfrac{\boldsymbol{r}}{|\boldsymbol{r}|}$ は単位ベクトルである (p.5 の式 (1.3) を参照)．ベクトル $\boldsymbol{r}$ は太陽から惑星に向かうベクトルである．式 (5.37) の負号に注意しよう．この負号により惑星に作用する力 $\boldsymbol{F}$ の方向は，惑星の位置ベクトルと逆向き (太陽に向かう方向) すなわち引力で，その大きさは距離 r の 2 乗に反比例することがわかる．

　一般に 3 次元空間中の力のポテンシャルをグラフに描くことは難しい．そこで，「2 次元空間の万有引力」のポテンシャル，

$$\phi(x,y) = -G\frac{mM}{r}, \qquad r = \sqrt{x^2+y^2} \tag{5.38}$$

のグラフを図 5.6 に示す．z 軸方向に力のポテンシャルの値 (GmM を単位とする) をとると，力のポテンシャル (5.38) は，無限に深い穴をもった曲面で表される．惑星にはあたかもこの無限に深い穴に吸い込まれるかのような方向に万有引力が働いている．一般に位置 (x,y) における力は，その点でのポテン

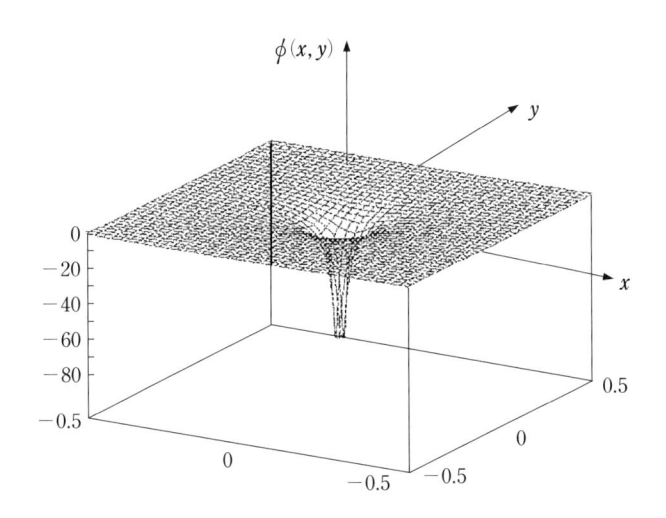

図 **5.6**　「2 次元万有引力」のポテンシャル

シャル面の「最大傾き方向」を向き，その大きさはその点での「最大傾きの値」に等しい．ここで，「最大傾き方向」とは，その点から変位したときに力のポテンシャルの値が最も大きく変化する方向 (等ポテンシャル線に垂直の方向) である．1 次元の場合には，たとえば図 5.4 に示したように，力のポテンシャルの傾きが力の大きさを与え，力の向きはポテンシャルの値が減少する方向であった．2 次元空間における力とそのポテンシャルとの関係は，これを拡張したものになっている．以上を参考にして，3 次元空間での力とそのポテンシャルとの関係を頭の中でイメージしてみよ．

[例題 5.6] 線積分の計算

3 次元空間に直交座標がある．この空間の点 (x, y, z) では力 $\boldsymbol{F}(x, y, z) = F_x(x, y, z)\boldsymbol{i} + F_y(x, y, z)\boldsymbol{j} + F_z(x, y, z)\boldsymbol{k}$ が作用する．この空間中に経路 C があり，それは，パラメータ t を使って，$x = f(t), y = g(t), z = h(t), t = t_1 \to t_2$ と表される．この経路に沿って質点を移動させた場合に，力がする仕事 W を計算する式を示せ．

〔解 説〕 式 (5.25)，(5.30) より，

$$W = \int_C \boldsymbol{F}(\boldsymbol{r}) \cdot d\boldsymbol{r}$$
$$= \int_C F_x(x, y, z)\,dx + F_y(x, y, z)\,dy + F_z(x, y, z)\,dz$$
$$= \int_{t_1}^{t_2} F_x(f(t), g(t), h(t))\frac{df(t)}{dt}\,dt$$
$$+ \int_{t_1}^{t_2} F_y(f(t), g(t), h(t))\frac{dg(t)}{dt}\,dt + \int_{t_1}^{t_2} F_z(f(t), g(t), h(t))\frac{dh(t)}{dt}\,dt \tag{5.39}$$

ここで，$x = f(t), y = g(t), z = h(t)$ より

$$dx = \frac{df(t)}{dt}\,dt, \qquad dy = \frac{dg(t)}{dt}\,dt, \qquad dz = \frac{dh(t)}{dt}\,dt \tag{5.40}$$

を使った．式 (5.39) において，線積分が普通のスカラーの積分に帰着していることに注目しよう．式 (5.28) と式 (5.39) を使うと，力 $\boldsymbol{F}(\boldsymbol{r})$ が与えられた場合に，力のポテンシャルを計算することができる．具体例を例題 5.7 に示す．

[例題 5.7] **3 次元空間中の力とそのポテンシャル**

3 次元直交座標を使って,力が $\boldsymbol{F}(x,y,z) = yz\,\boldsymbol{i} + zx\,\boldsymbol{j} + xy\,\boldsymbol{k}$ と与えられている.この力はポテンシャルをもつことが知られている.力のポテンシャル $\phi(x,y,z)$ を求めよ.ただし,座標原点をポテンシャルの基準点にとる.

〔解説〕 力のポテンシャルは,式 (5.28) で定義されている.

$$\phi(\boldsymbol{r}) = \int_{\boldsymbol{r}_0}^{\boldsymbol{r}} -\boldsymbol{F}(\boldsymbol{r}) \cdot \mathrm{d}\boldsymbol{r} \tag{5.28}$$

直交座標系では式 (5.28) は,式 (5.30) を参考にして,

$$\begin{aligned}\phi(x,y,z) &= -\int_{(0,0,0)}^{(x,y,z)} F_x\,\mathrm{d}x + F_y\,\mathrm{d}y + F_z\,\mathrm{d}z \\ &= -\int_{(0,0,0)}^{(x,y,z)} yz\,\mathrm{d}x + zx\,\mathrm{d}y + xy\,\mathrm{d}z \end{aligned} \tag{5.41}$$

と書ける.ここで,ポテンシャルの基準点が原点であることを考慮した.原点 O から点 P(a,b,c) を結ぶ線分を線積分の経路とする.これを式で表すと,

$$x = at, \quad y = bt, \quad z = ct, \quad t = 0 \to 1 \tag{5.42}$$

となる.この経路上の線積分は,式 (5.39) より,

$$\begin{aligned}&\int_{(0,0,0)}^{(a,b,c)} yz\,\mathrm{d}x + zx\,\mathrm{d}y + xy\,\mathrm{d}z \\ &= \int_0^1 (bt)(ct)\frac{\mathrm{d}x}{\mathrm{d}t}\,\mathrm{d}t + (ct)(at)\frac{\mathrm{d}y}{\mathrm{d}t}\,\mathrm{d}t + (at)(bt)\frac{\mathrm{d}z}{\mathrm{d}t}\,\mathrm{d}t\end{aligned} \tag{5.43}$$

となる.右辺に含まれる微分は,式 (5.42) から計算できて,

$$\int_{(0,0,0)}^{(a,b,c)} yz\,\mathrm{d}x + zx\,\mathrm{d}y + xy\,\mathrm{d}z = \int_0^1 3abc\,t^2\,\mathrm{d}t = 3abc\left[\frac{1}{3}t^3\right]_0^1 = abc \tag{5.44}$$

式 (5.44) において,(a,b,c) を (x,y,z) として,式 (5.41) の右辺とすれば,

$$\phi(x,y,z) = -\int_{(0,0,0)}^{(x,y,z)} yz\,\mathrm{d}x + zx\,\mathrm{d}y + xy\,\mathrm{d}z = -xyz \tag{5.45}$$

を得る.これが答である.検算をしよう.式 (5.45) と式 (5.34) から

$$\boldsymbol{F} = -\mathrm{grad}(xyz) = -\left(\frac{\partial}{\partial x}\boldsymbol{i} + \frac{\partial}{\partial y}\boldsymbol{j} + \frac{\partial}{\partial z}\boldsymbol{k}\right)(-xyz)$$

$$= \frac{\partial(xyz)}{\partial x}\boldsymbol{i} + \frac{\partial(xyz)}{\partial y}\boldsymbol{j} + \frac{\partial(xyz)}{\partial z}\boldsymbol{k} = yz\,\boldsymbol{i} + zx\,\boldsymbol{j} + xy\,\boldsymbol{k} \quad (5.46)$$

となり，得られたポテンシャル式 (5.45) から確かに題意の力が導かれる．

章末問題

5.1 例題 5.1 において，重力以外に速度の大きさに比例する空気抵抗力が作用する場合には，力学的エネルギーが保存しないことを示せ．

5.2 ばねによって物体に作用する力として，これまではフックの法則に従う力を取り扱ってきた．この法則を拡張して，変位 (ばねの平衡位置からの伸び) x のときに物体に作用する力が $F = -k_1 x + k_2 x^2 - k_3 x^3$ と表せるものとする．ここで，k_1, k_2, k_3 は定数である (ただし，$k_1 > k_2 > k_3 > 0$)．このばねが x だけ伸びたときのばねに蓄えられるエネルギーを求めよ．

5.3 例題 5.3 と同様の方法で，式 (5.23) を直交座標によるベクトルの成分で表示せよ．
$$\frac{\mathrm{d}}{\mathrm{d}t}\left(\frac{\mathrm{d}\boldsymbol{r}}{\mathrm{d}t}\cdot\frac{\mathrm{d}\boldsymbol{r}}{\mathrm{d}t}\right) = \frac{\mathrm{d}^2\boldsymbol{r}}{\mathrm{d}t^2}\cdot\frac{\mathrm{d}\boldsymbol{r}}{\mathrm{d}t} + \frac{\mathrm{d}\boldsymbol{r}}{\mathrm{d}t}\cdot\frac{\mathrm{d}^2\boldsymbol{r}}{\mathrm{d}t^2} = 2\frac{\mathrm{d}\boldsymbol{r}}{\mathrm{d}t}\cdot\frac{\mathrm{d}^2\boldsymbol{r}}{\mathrm{d}t^2} \quad (5.23)$$

5.4 電荷 Q から電荷 q に働くクーロン力は，
$$\boldsymbol{F} = \frac{qQ}{4\pi\varepsilon_0|\boldsymbol{r}|^2}\frac{\boldsymbol{r}}{|\boldsymbol{r}|} \quad (5.47)$$
と表される．ここで ε_0 は真空の誘電率と呼ばれる定数である．$\boldsymbol{r} = x\boldsymbol{i} + y\boldsymbol{j} + z\boldsymbol{k}$ は，電荷 Q を原点とする直交座標系における電荷 q の位置ベクトルである．クーロン力のポテンシャルを求めよ．

5.5 以下の式で与えられるポテンシャルから導かれる力 $\boldsymbol{F}$ を求めよ．
$$\phi = \frac{a}{|\boldsymbol{r}|^{12}} - \frac{b}{|\boldsymbol{r}|^6} \quad (5.48)$$
ここで，a, b は定数，$|\boldsymbol{r}| = \sqrt{x^2 + y^2 + z^2}$ である．

5.6 3次元空間の位置 $\boldsymbol{r} = x\boldsymbol{i} + y\boldsymbol{j} + z\boldsymbol{k}$ には $\boldsymbol{F} = x^2\boldsymbol{i} + y^2\boldsymbol{j} + z^2\boldsymbol{k}$ の力が作用する．質点を原点 (0,0,0) からまっすぐに点 P(3,2,1) まで移動したときに力がする仕事を計算せよ．

⚠ One Point：偏微分と全微分

3変数関数 $\phi(x,y,z)$ の変数 x に関する偏微分は，

$$\frac{\partial \phi(x,y,z)}{\partial x} = \lim_{\Delta x \to 0} \frac{\phi(x+\Delta x, y, z) - \phi(x,y,z)}{(x+\Delta x) - x} \tag{5.49}$$

で定義される．これは，3つの独立変数 x, y, z のうち x だけが変化した際の $\phi(x,y,z)$ の変化率であり，$\phi(x,y,z)$ の x 方向への変化率ということもできる．この定義より，$\phi(x,y,z)$ を x で偏微分するためには，変数 y, z をあたかも定数であるかのようにみなし，$\phi(x,y,z)$ を x で普通に微分すればよい．3変数関数 $\phi(x,y,z)$ の変数 y や z の偏微分 $\dfrac{\partial \phi}{\partial y}$, $\dfrac{\partial \phi}{\partial z}$ も式 (5.49) と同様に定義でき，それぞれ，$\phi(x,y,z)$ の y や z 方向への変化率という意味をもっている．変数 x, y, z が同時にそれぞれ $\mathrm{d}x$, $\mathrm{d}y$, $\mathrm{d}z$ だけ変化した際の $\phi(x,y,z)$ の変化率を全微分 $\mathrm{d}\phi$ といい，

$$\mathrm{d}\phi = \frac{\partial \phi}{\partial x}\,\mathrm{d}x + \frac{\partial \phi}{\partial y}\,\mathrm{d}y + \frac{\partial \phi}{\partial z}\,\mathrm{d}z \tag{5.50}$$

と表すことができる．

第6章

固有振動と重ね合わせの原理

P 第4章で微分方程式が解ける形として,変数分離型について解説しました.ここでは,定数係数の線形微分方程式の解法について説明しましょう.

S 微分方程式が解けるもう1つの形ということですね.

P 大学の初等レベルでは,「変数分離型」と「定数係数の線形微分方程式」の解法を覚えておくことが,ミニマム項目です.

P 定数係数の線形微分方程式とは,$\dfrac{\mathrm{d}^n x}{\mathrm{d}t^n} + c_{n-1}\dfrac{\mathrm{d}^{n-1}x}{\mathrm{d}t^{n-1}} + \cdots + c_1\dfrac{\mathrm{d}x}{\mathrm{d}t} + c_0 x = k$ の形をいいます.ここで,$c_{n-1}, \cdots, c_1, c_0, k$ は既知数で,$x(t)$ が未知関数です.$k=0$ としても一般性を失いません.そこで,$\dfrac{\mathrm{d}^n x}{\mathrm{d}t^n} + c_{n-1}\dfrac{\mathrm{d}^{n-1}x}{\mathrm{d}t^{n-1}} + \cdots + c_1\dfrac{\mathrm{d}x}{\mathrm{d}t} + c_0 x = 0$ の解法を考えましょう.これを斉次微分方程式といいます.

S $k=0$ としても一般性を失わないのは,斉次微分方程式の解 $x(t)$ がわかれば,$x(t) + \dfrac{k}{c_0}$ が,$\dfrac{\mathrm{d}^n x}{\mathrm{d}t^n} + c_{n-1}\dfrac{\mathrm{d}^{n-1}x}{\mathrm{d}t^{n-1}} + \cdots + c_1\dfrac{\mathrm{d}x}{\mathrm{d}t} + c_0 x = k$ を満たすことから明らかです.これは単に関数の値方向の平行移動ですね.

P 微分方程式が線形であるとは,未知関数とその導関数が既知数倍とその足し算で結合した形で微分方程式が表わされている場合をいいます.微分方程式に含まれる導関数の階数の最大値 n を,その微分方程式の階数といいます.

S スカラー倍と足し算が定義されていたベクトルの演算と似ていますね.

P $\dfrac{\mathrm{d}^n x}{\mathrm{d}t^n} + c_{n-1}\dfrac{\mathrm{d}^{n-1}x}{\mathrm{d}t^{n-1}} + \cdots + c_1\dfrac{\mathrm{d}x}{\mathrm{d}t} + c_0 x = 0$ は,独立な n 個の解 $x_1(t), \cdots, x_n(t)$ が知られると,この方程式の全ての解は,一般的

に，$x(t) = \sum_{i=1}^{n} \alpha_i x_i(t)$ と書けることが知られています．ただし，$\alpha_i\,(i = 1,\cdots,n)$ は任意の定数です．これを，一般解といいます．これに対して，$x_1(t),\cdots,x_n(t)$ を，特解といいます．

S 確かに，この形の一般解を斉次微分方程式に代入すれば，その解となっていることがわかります．特解を重ね合わせて，一般解が表せるところがおもしろいですね．特解という「特殊な情報」が，一般解という「全ての情報」を構成してるのですから．

S ここで，n 個の特解 $x_1(t),\cdots,x_n(t)$ が独立であるとは，どのような意味ですか？

P $x_1(t),\cdots,x_n(t)$ が互いに独立であるとは，それらの1つが，他の $n-1$ 個の関数の線形結合 (定数倍と足し算で結合させること) で表せないということです．

S これもベクトルの場合の独立性と似ていますね．

P 結局，n 階の線形微分方程式 $\dfrac{\mathrm{d}^n x}{\mathrm{d}t^n} + c_{n-1}\dfrac{\mathrm{d}^{n-1} x}{\mathrm{d}t^{n-1}} + \cdots + c_1\dfrac{\mathrm{d}x}{\mathrm{d}t} + c_0 x = 0$ の解法は，互いに独立な n 個の特解を求めることに帰着します．

S 何らかの方法で，n 個の特解 $x_1(t),\cdots,x_n(t)$ を見つけることができれば，その一般解は $x(t) = \sum_{i=1}^{n} \alpha_i x_i(t)$ と求まるということですね．

P n 個の特解 $x_1(t),\cdots,x_n(t)$ を見つける1つの方法として，$x(t) = e^{\lambda t}$ と置き，これが特解になるように未定定数 λ の値を上手に選ぶというやり方があります．

P $x(t) = e^{\lambda t}$ を微分方程式に代入すれば，$\lambda^n + c_{n-1}\lambda^{n-1} + \cdots c_1 \lambda + c_0 = 0$ となるので，この代数方程式を解いて，その解が $\lambda_1,\cdots,\lambda_n$ とわかれば，n 個の特解 $e^{\lambda_1 t},\cdots,e^{\lambda_n t}$ が得られます．したがって，微分方程式の一般解は，結局，$x(t) = \sum_{i=1}^{n} \alpha_i e^{\lambda_i t}$ と表されます．

One Point：オイラーの公式

$e^{\pm i\theta} = \cos\theta \pm i\sin\theta$ を**オイラーの公式**という．ここで i は虚数単位である．

定数係数の線形微分方程式 $\dfrac{d^2 x}{dt^2} + \omega^2 x = 0$ を考えよう．この特解を探すために，$x(t) = e^{\lambda t}$ とおいて，これを微分方程式に代入すると，$\lambda^2 \omega^2 = 0$ を得る．したがって，$\lambda_1 = \omega i, \lambda_2 = -\omega i$ がこの代数方程式の解である．2個の特解は $e^{i\omega t}, e^{-i\omega t}$ である．これを使って，微分方程式の一般解は $x(t) = \alpha_1 e^{i\omega t} + \alpha_2 e^{-i\omega t}$ と書ける．オイラーの公式を使えば $e^{i\omega t} = \cos\omega t + i\sin\omega t, e^{-i\omega t} = \cos\omega t - i\sin\omega t$ である．2つの独立な特解として $e^{i\omega t}, e^{-i\omega t}$ の代わりに $\left(e^{i\omega t} + e^{-i\omega t}\right)/2 = \cos\omega t$ と $\left(e^{i\omega t} - e^{-i\omega t}\right)/2i = \sin\omega t$ を選んでもよいので，一般解の表式として $x(t) = \alpha_1 \cos\omega t + \alpha_2 \sin\omega t$ を採用することもできる．ここで，α_1, α_2 は任意定数である．

§1 単振動

図 6.1 のように，質量 m の物体にばねがつながっている質点系の運動を考えよう．質点には床からの摩擦抵抗は働かないものとする．つり合い位置から変位 x だけ引き伸ばしたばねを静かに離すとき，ばねの復元力 F はばねの自然長からの伸び x に比例する．これを**フックの法則**という．この関係は，

$$F(x) = -kx \tag{6.1}$$

と表すことができる．ここで k はばね定数で N/m の単位をもつ．したがって，質量 m の物体の運動方程式は，**ニュートンの運動の法則**(第 2 法則)から，

$$m\frac{d^2 x}{dt^2} = -kx \tag{6.2}$$

と書ける．式 (6.2) は 2 階の**線形微分方程式**であり，$\omega^2 = \dfrac{k}{m}$ とすると次のような形になる．

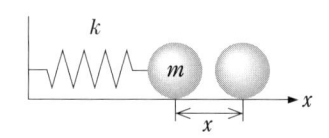

図 **6.1** 質点の単振動

$$\frac{\mathrm{d}^2 x}{\mathrm{d}t^2} + \omega^2 x = 0 \tag{6.3}$$

式 (6.2) あるいは (6.3) で表される微分方程式の解法については例題 4.2 で扱った．例題 4.2 では，変数分離の方法を使って微分方程式を積分して解を求めた．ここでは，重ね合わせの原理から，2 階の線形微分方程式では 2 つの特解の線形結合によって一般解が構成できることを示す．

式 (6.3) の 1 つの解 (特解) は，

$$x_1 = \sin \omega t \tag{6.4}$$

である．なぜなら，式 (6.4) を 2 回，時間微分すると，

$$\frac{\mathrm{d}^2 x_1}{\mathrm{d}t^2} = -\omega^2 \sin \omega t = -\omega^2 x_1 \tag{6.5}$$

となり，式 (6.3) を満たす．また

$$x_2 = \cos \omega t \tag{6.6}$$

も式 (6.3) の特解である．重ね合わせの原理から，この 2 つの特解からつくられる線形結合，

$$x = A x_1 + B x_2 \tag{6.7}$$

が式 (6.3) の一般解となる．ただし，A, B は任意定数であるから，三角関数の公式 (p.69「三角関数の公式」を参照) を用いて，

$$x = A \sin \omega t + B \cos \omega t = C \sin(\omega t + \delta) \tag{6.8}$$

と書きかえることができる．

式 (6.8) より，フックの法則に従うばねでつながれた物体は，時間 t の sin 関数で表される運動，すなわち**単振動** (あるいは 1 次元の**調和振動**) をすることがわかる．ω は**角振動数**と呼ばれ，式 (6.2) と (6.3) から，

$$\omega = \sqrt{\frac{k}{m}} \tag{6.9}$$

で与えられる．また，C は**振幅**，$\omega t + \delta$ は**位相**である．t が大きくなると位相も大きくなるが，

$$x\left(t + \frac{2\pi}{\omega}\right) = C \sin\left\{\omega\left(t + \frac{2\pi}{\omega}\right) + \delta\right\} = C \sin(\omega t + \delta) = x(t)$$

という性質をもっている．すなわち，質点は

$$T = \frac{2\pi}{\omega} = 2\pi\sqrt{\frac{m}{k}} \tag{6.10}$$

という時間で同じ運動を繰り返す．この T を単振動の**周期**という．周期の逆数を**振動数**と呼び，それを ν と表すと，

$$\nu = \frac{\omega}{2\pi} = \frac{1}{T} = \frac{1}{2\pi}\sqrt{\frac{k}{m}} \tag{6.11}$$

の関係が得られる．ν は単位時間に往復する回数を表し，その単位は Hz(ヘルツ) である．

〔例題 6.1〕 単振動の振動数

図 6.2 のように，質量 m の物体 (質点とみなす) がばね定数 k の 2 本のばねでつながれていて，摩擦のない床の上に置かれている．このときの質点の振動数を求めよ．

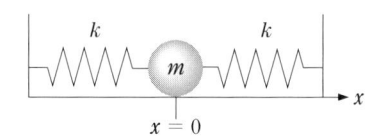

図 6.2　2 本のばねで結ばれた質点の単振動

〔解説〕　左右のばねは変位 x の正方向と逆向きに同じ $-kx$ の力を及ぼすので，運動方程式は，

$$m\frac{d^2x}{dt^2} = -kx - kx = -2kx \tag{6.12}$$

となる．これは単振動の微分方程式であり，その一般解は，$\omega = \sqrt{2k/m}$ として式 (6.8) で与えられる．したがって，求める振動数は，

$$\nu = \frac{\omega}{2\pi} = \frac{1}{2\pi}\sqrt{\frac{2k}{m}} \tag{6.13}$$

となる．

§2 2質点連成系の振動

図 6.3 に示すような,質量 m の 2 個の物体が 3 本のばねでつながれた質点系の運動を考えてみよう.このように,2 つ以上の物体が互いに力を及ぼしながら振動することを**連成振動**という.ここで,つり合いの位置におけるばねの長さ (自然長) とばね定数は図に示す記号を用い,摩擦などの抵抗は無視する.

つり合いの位置からの質点 1 と質点 2 の変位を,右向きを正としてそれぞれ x_1, x_2 とする.質点 1 が左側のばねから受ける力は $-kx_1$ である.中央のばねは $x_2 - x_1$ だけ伸びているので,質点 1 に対して $k'(x_2 - x_1)$ の力を及ぼす.したがって,質点 1 の運動方程式は,

$$m\frac{\mathrm{d}^2 x_1}{\mathrm{d}t^2} = -kx_1 + k'(x_2 - x_1) \tag{6.14}$$

となる.右側のばねは x_2 だけ縮んでいるから,質点 2 に対して $-k'x_2$ の力を及ぼし,中央のばねからは $-k'(x_2 - x_1)$ の力が質点 2 に加わる.質点 2 の運動方程式は,

$$m\frac{\mathrm{d}^2 x_2}{\mathrm{d}t^2} = -kx_2 - k'(x_2 - x_1) \tag{6.15}$$

である.

この連立方程式を解けば連成系の運動を調べることができる.2 階の線形微分方程式の一般解は式 (6.8) で与えられるから,式 (6.14) と (6.15) の特解の形をそれぞれ,

$$x_1(t) = C_1 \sin(\omega t + \delta), \quad x_2(t) = C_2 \sin(\omega t + \delta) \tag{6.16}$$

と仮定しよう.ここで,$x_1(t)$ と $x_2(t)$ の振動数が共通で,位相も同じなのは,系の基本的な振動パターン (あるいは基準モード) が一般に単純な単振動の和で表現できるためである.以下に,系が特定のモードだけで振動するとき,振動

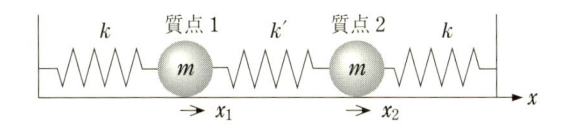

図 6.3 2 個の質点の連成振動

数 ω と，振幅 C_1 と C_2 の比が運動方程式から決まることを示そう．式 (6.16) をそれぞれ式 (6.14), (6.15) に代入する．三角関数の公式 (p.69 参照) を用いれば，

$$\left.\begin{array}{l}-m\omega^2 C_1 \sin(\omega t + \delta) = -(k+k')C_1 \sin(\omega t + \delta) + k'C_2 \sin(\omega t + \delta) \\ -m\omega^2 C_2 \sin(\omega t + \delta) = k'C_1 \sin(\omega t + \delta) - (k+k')C_2 \sin(\omega t + \delta)\end{array}\right\} \tag{6.17}$$

となる．式 (6.17) の両辺から $\sin$ の部分を消去すると，

$$\left.\begin{array}{l}-m\omega^2 C_1 = -(k+k')C_1 + k'C_2 \\ -m\omega^2 C_2 = k'C_1 - (k+k')C_2\end{array}\right\} \tag{6.18}$$

が得られる．式 (6.18) は C_1 と C_2 を変数とする連立方程式である．C_2 を消去すると，

$$\{(m\omega^2 - k - k')^2 - (k')^2\}C_1 = 0 \tag{6.19}$$

となり，この方程式の 1 つの解は $C_1 = 0$ である．この式を式 (6.18) に代入すると，$(C_1, C_2) = (0, 0)$，すなわち $x_1(t) = x_2(t) = 0$ が得られる．これは，系が振動しないという意味のない解である．

式 (6.19) のもう 1 つの解は，

$$(m\omega^2 - k - k')^2 - (k')^2 = (m\omega^2 - k)(m\omega^2 - k - 2k') = 0 \tag{6.20}$$

より，

$$\omega = \omega_1 = \sqrt{\frac{k}{m}} \quad \text{または} \quad \omega = \omega_2 = \sqrt{\frac{k+2k'}{m}} \tag{6.21}$$

が得られる．それぞれ式 (6.18) に代入すると，

$$\omega_1 = \sqrt{\frac{k}{m}} \quad \text{のとき} \quad \frac{C_2}{C_1} = 1 \tag{6.22}$$

$$\omega_2 = \sqrt{\frac{k+2k'}{m}} \quad \text{のとき} \quad \frac{C_2}{C_1} = -1 \tag{6.23}$$

が**振動パターン (モード)** として求まる．なお，ω が負の解も考えられるが，それらは式 (6.16) において δ を $-\delta$ とすると ω が正である解と同じになる．したがって，正の解だけを考えれば十分である．

§2 2質点連成系の振動   59

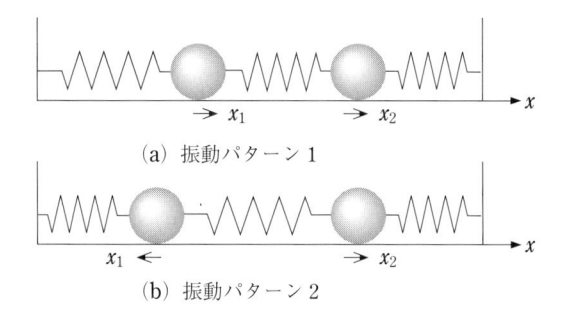

(a) 振動パターン1

(b) 振動パターン2

図 **6.4** 2つの振動パターン

このように運動方程式によって決まる振動パターンの振動数 ω_1 と ω_2 を系の **固有振動数** という．

求まった振動パターンを図示すると，図 6.4 のようになる．パターン 1 は $C_2/C_1 = 1$ なので，x_1 と x_2 が同じ方向に変位する．この場合，真ん中のばね (ばね定数 k') は伸び縮みしない．すなわち，真ん中のばねがないものとしたときの単振動の振動数と一致する．一方，パターン 2 では $C_2/C_1 = -1$ であるから，x_1 と x_2 は反対方向に変位する．式 (6.23) よりパターン 2 の固有振動数 ω_2 は ω_1 より大きくなるので，パターン 2 の振動はパターン 1 の振動より速くなる．

最後に，2 質点連成振動系の運動方程式の一般解を考えてみる．一般解は 2 つの振動パターンの重ね合わせであるから，式 (6.16) の線形結合をつくればよい．式 (6.22)，(6.23) の関係に注意して，

$$\left.\begin{array}{l} x_1(t) = C_1 \sin(\omega_1 t + \delta_1) + C_2 \sin(\omega_2 t + \delta_2) \\ x_2(t) = C_1 \sin(\omega_1 t + \delta_1) - C_2 \sin(\omega_2 t + \delta_2) \end{array}\right\} \quad (6.24)$$

となる．なお，2 つのモードの位相は同じである必然性はないので，δ_1 と δ_2 として区別して書いてある．ω_1 と ω_2 はすでに決まった値 (既知量) であり，未定定数は $C_1, C_2, \delta_1, \delta_2$ の 4 つである．これらの定数は 4 つの **初期条件** (x_1 と x_2 の初期位置と初速度) が与えられれば，決定することができる．

例題 6.2　2 質点連成振動系のうなり

図 6.3 において質点 2 がつり合いの位置 $(x_2 = 0)$ に，質点 1 が x_0 だけ右側へ変位した位置 $(x_1 = x_0)$ にくるようにする．この位置を時刻 $t = 0$ とし，静かに離したときの運動を調べよ．

〔解説〕　初期条件は，
$$x_1 = x_0, \quad x_2 = 0, \quad \frac{dx_1}{dt} = 0, \quad \frac{dx_2}{dt} = 0 \tag{6.25}$$
と書ける．式 (6.24) を式 (6.25) に代入すると，
$$C_1 \sin \delta_1 + C_2 \sin \delta_2 = x_0 \tag{6.26a}$$
$$C_1 \sin \delta_1 - C_2 \sin \delta_2 = 0 \tag{6.26b}$$
$$\omega_1 C_1 \cos \delta_1 + \omega_2 C_2 \cos \delta_2 = 0 \tag{6.26c}$$
$$\omega_1 C_1 \cos \delta_1 - \omega_2 C_2 \cos \delta_2 = 0 \tag{6.26d}$$
が得られる．式 (6.26c)，(6.26d) より，
$$2\omega_1 C_1 \cos \delta_1 = 0, \quad 2\omega_2 C_2 \cos \delta_2 = 0 \tag{6.27}$$
であり，$C_1 \neq 0, C_2 \neq 0$ であるから，位相は
$$\delta_1 = 2l\pi \pm \frac{\pi}{2}, \quad \delta_2 = 2n\pi \pm \frac{\pi}{2} \quad (l, n \text{ は任意の整数}) \tag{6.28}$$
と求まる．また，式 (6.26a)，(6.26b) より，
$$2C_1 \sin \delta_1 = x_0, \quad 2C_2 \sin \delta_2 = x_0 \tag{6.29}$$
となり，この式に式 (6.28) を代入すれば，
$$C_1 = \pm \frac{x_0}{2} \quad \left(\delta_1 = 2l\pi \pm \frac{\pi}{2} \text{のとき}\right),$$
$$C_2 = \pm \frac{x_0}{2} \quad \left(\delta_2 = 2n\pi \pm \frac{\pi}{2} \text{のとき}\right) \tag{6.30}$$
となる．よって，これらの関係を式 (6.24) に代入すれば，左側の質点 1 と右側の質点 2 の変位はそれぞれ，
$$\left.\begin{array}{l} x_1 = \dfrac{x_0}{2}(\cos \omega_1 t + \cos \omega_2 t) = x_0 \cos\left(\dfrac{\omega_1 - \omega_2}{2}t\right)\cos\left(\dfrac{\omega_1 + \omega_2}{2}t\right) \\ x_2 = \dfrac{x_0}{2}(\cos \omega_1 t - \cos \omega_2 t) = -x_0 \sin\left(\dfrac{\omega_1 - \omega_2}{2}t\right)\sin\left(\dfrac{\omega_1 + \omega_2}{2}t\right) \end{array}\right\} \tag{6.31}$$
と求まる (p.69「三角関数の公式」を参照)．式 (6.31) を図示すると，図 6.5 のようになる．平均振動数 $\dfrac{\omega_1 + \omega_2}{2}$ で振動している単振動の振幅が $\cos\left(\dfrac{\omega_1 - \omega_2}{2}t\right)$

§3 弦の振動　61

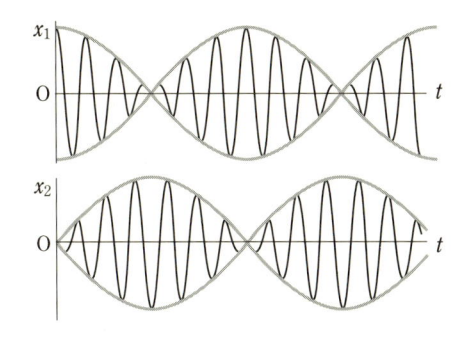

図 6.5　2 質点の連成振動 (うなり)

あるいは $\sin\left(\dfrac{\omega_1-\omega_2}{2}t\right)$ という関数でゆっくりと時間変化している．これを振幅が変調されているといい，この振幅の変動がうなりである．

☕ Coffee Break：リサジュー図形

　互いに垂直な方向の単振動を合成した 2 次元運動が描く図形は，リサジュー図形と呼ばれる．フランスの物理学者リサジュー (Lissajous, Jules Antoine, 1822〜1880) が自ら考案した装置で見い出した．

　x 軸方向と y 軸方向の単振動

$$x = C\cos(\omega_1 t + \alpha), \quad y = D\cos(\omega_2 t + \beta) \tag{6.32}$$

を合成すると，角振動数 ω_1, ω_2 や位相 α, β の違いによって種々の図形が得られる．$\omega_1 = \omega_2$ の場合は楕円振動である．ω_1, ω_2 の比が $1:2$，位相差 $\beta - \alpha$ が $\pi/4, \pi$ の場合を図 6.6 に示す．リサジュー図形は，オシログラフの横軸と縦軸に 2 つの正弦波の電気振動を加えれば見ることができる．また，リサジュー図形は，一方の振動数が未知のときに，それを知るのに利用することができる．

(a) $\beta - a = \pi/4$　　(b) $\beta - a = \pi$

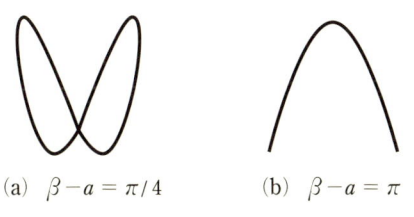

図 6.6　リサジュー図形の例（$\omega_1/\omega_2 = 1/2$ の場合）

§3 弦の振動

次に，無限個の質点が連続的につながった弦の振動を考えてみよう．ギターやピアノの弦の振動を思い浮かべるとよい．図 6.7 に示すように，長さ L の弦が張力 S で張られているものとする．また，この弦の単位長さあたりの質量，すなわち線密度を σ とする．図 6.7(b) は弦の一部を拡大して示したものである．弦の位置 x にある微小な長さ Δx の部分は x 軸に垂直に振動するので，その変位を $u(x)$ として運動方程式を導いてみよう．

長さ Δx の微小部分に着目すると，質量は $\sigma \Delta x$．これに $u(x)$ の加速度 $\dfrac{\mathrm{d}^2 u(x)}{\mathrm{d}t^2}$ をかけたものがその方向に働く外力に等しい．外力の発生源は弦の張力 S である．S は弦のどの部分でも等しいが，位置 x と $x+\Delta x$ とでは S の働く方向が少し異なっている．張力 S は位置 x での曲線 $u(x)$ の接線方向に働き，接線の傾きは $\dfrac{\mathrm{d}u}{\mathrm{d}x}$ である．したがって，位置 x での弦の微小部分 Δx に働く張力 S_1 の u 方向の成分は $-S_1 \left(\dfrac{\mathrm{d}u}{\mathrm{d}x}\right)_{x=x}$ である．同様に，位置 $x+\Delta x$ で

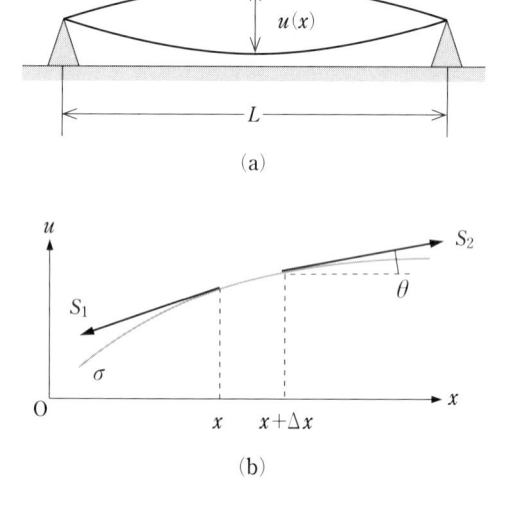

図 6.7 弦の振動

の張力 S_2 の u 方向の成分は $S_2\left(\dfrac{\mathrm{d}u}{\mathrm{d}x}\right)_{x=x+\Delta x}$ となる．これらを加えたものが Δx に働く外力であるから，

$$S_2\left(\dfrac{\mathrm{d}u}{\mathrm{d}x}\right)_{x=x+\Delta x} - S_1\left(\dfrac{\mathrm{d}u}{\mathrm{d}x}\right)_{x=x} = S\left(\dfrac{\mathrm{d}^2 u}{\mathrm{d}x^2}\right)_{x=x}\Delta x \tag{6.33}$$

となる．ただし，角度 θ が小さいときには，$S_1 = S_2 = S$ と近似できる．変位 u は位置 x と時間 t の両方の関数であるから，偏微分形式で運動方程式は，

$$\sigma\Delta x\dfrac{\partial^2 u}{\partial t^2} = S\dfrac{\partial^2 u}{\partial x^2}\Delta x \tag{6.34}$$

すなわち，

$$\dfrac{\partial^2 u}{\partial t^2} = \dfrac{S}{\sigma}\dfrac{\partial^2 u}{\partial x^2} \tag{6.35}$$

と求まる．式 (6.35) の形の偏微分方程式は 1 次元の **波動方程式** と呼ばれる．

次に，式 (6.35) の解を求めてみよう．単振動の場合と同様に，時間 t に関しては単振動すると仮定すると，解 $u(x,t)$ は

$$u(x,t) = C(x)\sin(\omega t + \delta) \tag{6.36}$$

である．これを式 (6.35) に代入し，両辺に共通に現れる因子 $\sin(\omega t + \delta)$ を消去すると，

$$\dfrac{\mathrm{d}^2 C(x)}{\mathrm{d}x^2} = -\dfrac{\sigma\omega^2}{S}C(x) \tag{6.37}$$

となる．式 (6.37) は時間 t のかわりに座標 x となっているが，単振動の方程式と同じ形になっている．したがって，式 (6.37) の解 $C(x)$ は

$$C(x) = C_0\sin(kx + \varepsilon) \tag{6.38}$$

と表すことができる．ただし，式 (6.38) の $C(x)$ が式 (6.37) を満たすためには，

$$\dfrac{k^2}{\omega^2} = \dfrac{\sigma}{S} \tag{6.39}$$

の関係式が成り立たなければならない．

次に，図 6.7 のように両端が固定されている弦の振動パターン (モードともいう) を求めてみよう．固定されている位置では弦は変位しないから，

$$u(0) = u(L) = 0 \tag{6.40}$$

このような振動体の端に対する条件を **境界条件** という．式 (6.40) を式 (6.38) に適用すると，

$$C(0) = C_0 \sin\varepsilon = 0, \quad C(L) = C_0 \sin(kL + \varepsilon) = 0 \tag{6.41}$$

となる．$C_0 \neq 0$ であるから，最初の式から $\varepsilon = l\pi$ (l は任意の整数) が得られる．この ε に対して 2 番目の式から，

$$k = \frac{m\pi}{L} \quad (m \text{ は任意の整数}) \tag{6.42}$$

が得られる．すなわち，k は勝手な値をとることができず，π/L の整数倍の値だけが許される．この条件のために式 (6.39) より，角振動数 ω も

$$\omega = \frac{m\pi}{L}\sqrt{\frac{S}{\sigma}} \tag{6.43}$$

のとびとびの値をとる．このように，弦のような連続体の振動は，質点の振動のように ω が 1 つの値に定まらない．ω は基本の値の整数倍をとることができ，そのときに k の値も一緒に変わる．言い換えれば，基本解の無限の重ね合わせによって連続体の振動を表現することができる．

最後に，式 (6.38) で表される弦の振動の空間変化のパターン (振動モード) を調べてみよう．$\varepsilon = l\pi$ であったが，l が奇数でも偶数でも式 (6.38) の sin 関数の符号が変わるだけであるから，$\varepsilon = 0$ と扱ってよい．$m = 0$ の場合には $C(x) = 0$，すなわち $u(x,t) = 0$ となり振動は起こらない．次に $m = 1, 2, 3, \cdots$ に対しては，

$$C(x) = C_0 \sin kmx = C_0 \sin\left(\frac{m\pi}{L}x\right) \quad (m = 1, 2, 3, \cdots) \tag{6.44}$$

となる．これをグラフで表すと図 6.8 のようになる．これらは波長がそれぞれ $2L, L, 2L/3, \cdots$ であるような sin 波の一部である．式 (6.42) の k と λ の関係に着目すると，$k = 2\pi/\lambda$ となることがわかる．すなわち，k は単位長さの区間に入っている波の数 ($\times 2\pi$) ともみなせる．一般に k は **波数** と呼ばれる．また，図 6.8 において振動パターン $C(x)$ がゼロとなるところは **振動の節** (ノード)，一方，振幅が最も大きい場所は **振動の腹** という．

以上より，弦の振動の時間変化は振動パターン $C_1(x), C_2(x), C_3(x), \cdots$ に

§3 弦の振動

$m=1,\ k_1=\dfrac{\pi}{L},\ \lambda_1=2L$

$m=2,\ k_2=\dfrac{2\pi}{L}=2k_1,\ \lambda_2=L=\dfrac{\lambda_1}{2}$

$m=3,\ k_3=\dfrac{3\pi}{L}=3k_1,\ \lambda_3=\dfrac{2}{3}L=\dfrac{\lambda_1}{3}$

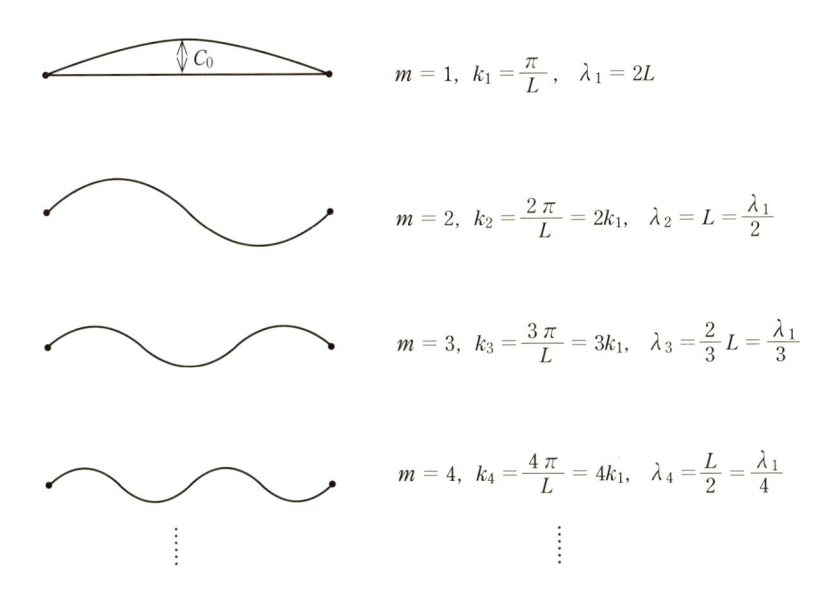

$m=4,\ k_4=\dfrac{4\pi}{L}=4k_1,\ \lambda_4=\dfrac{L}{2}=\dfrac{\lambda_1}{4}$

図 **6.8** 弦の振動パターンと波数,波長

$\sin(\omega t+\delta)$ をかければ得られる.ω が式 (6.43) で決まることに注意して,

$$\left.\begin{aligned} u_1(x,t) &= C_1(x)\sin\left(\frac{\pi}{L}\sqrt{\frac{S}{\sigma}}t+\delta\right) \\ u_2(x,t) &= C_2(x)\sin\left(\frac{2\pi}{L}\sqrt{\frac{S}{\sigma}}t+\delta\right) \\ u_3(x,t) &= C_3(x)\sin\left(\frac{3\pi}{L}\sqrt{\frac{S}{\sigma}}t+\delta\right) \\ &\vdots \end{aligned}\right\} \quad (6.45)$$

となる.一般に u_1 の振動を **基本波振動** と呼び,

$$\omega=\frac{\pi}{L}\sqrt{\frac{S}{\sigma}} \tag{6.46}$$

は基本の角振動数である.$u_2, u_3, \cdots$ は **高調波振動** と呼ぶ.ピアノやバイオリンの弦では,基本振動数の 2 倍の振動数の音を倍音,3 倍の振動数の音を 3 倍音と呼んでいる.また,音の高低は振動数の大小に対応している.式 (6.46) から,弦の張力 S,弦の単位長さあたりの質量 σ,弦の長さ L が音程を決めていることがわかる.

66　第6章　固有振動と重ね合わせの原理

[例題 6.3]　**弦の張力**

ギターのある弦の基本振動数(開放弦の振動数)は 659 Hz である．弦の長さを 60 cm，線密度を 5 mg/cm として，弦の張力は何 N か？

〔解説〕　式 (6.43) を用いて $m = 1$. したがって，弦の張力は $S = \sigma\left(\dfrac{\omega L}{\pi}\right)^2$ となる．$\omega = 2\pi\nu$ ($\nu = 659$) に注意して，与えられた数値を代入すると，$S = 313\,\mathrm{N}$ と求まる．

章 末 問 題

6.1　単振動の方程式 (6.3) の一般解が式 (6.8) で与えられるとき，定数 A, B と C, δ の関係を求めよ．

6.2　単振動の一般解 $x = C\sin(\omega t + \delta)$ を用いて，運動エネルギーおよびポテンシャルエネルギーの時間変化を求め，力学的エネルギー保存則が成り立つことを示せ．

6.3　例題 6.2 で説明した 2 質点の連成振動において
 (a) $\dfrac{k}{m} = 10\,\mathrm{s}^{-2},\ \dfrac{2k'}{m} = 3\,\mathrm{s}^{-2}$
 (b) $\dfrac{k}{m} = 10\,\mathrm{s}^{-2},\ \dfrac{2k'}{m} = 20\,\mathrm{s}^{-2}$
 のとき，2 つの質点の固有振動数を求め，それぞれの運動をグラフに描け．

6.4　図 6.3 の振動系で，2 個の質点をつり合いの位置から中央に向かって同じ距離 x_0 だけ変位させ，時刻 $t = 0$ で静かに手を離すとき，次の問に答えよ．
(1) 設問の初期条件を式で表せ．
(2) 質点の変位 x_1, x_2 を求め，振動が時間とともにどのように変化するか図示せよ．ただし，振動数は任意に仮定してよい．

6.5　図 6.9 のように 2 つの単振り子を吊るし，何らかの方法で互いに力を及ぼし合うようにしたものを**連成振り子**という．いま，2 つの質点の間にばねをはさんだ系を考える．振り子の長さと質点の質量は両者で等しく，それぞれ L, m とする．また，ばねの自然長は，質点が最下点にあるときの 2 つの質点の間の距離に等しいとし，ばね定数を k とする．この系の運動方程式を

求め，さらに2つの振動パターンを求めよ．(**ヒント** 質点には単振り子と同じ重力による力とばねによる力が作用する．)

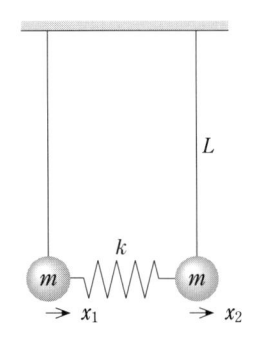

図 **6.9** 連成振り子

6.6 図 6.9 に示す連成振り子において，$L = 30\,\mathrm{cm}$, $m = 100\,\mathrm{g}$ とする．ばね定数 $k = 0.05, 0.10, 0.15\,\mathrm{N/m}$ のときの 2 つの固有振動数の差 $\omega_2 - \omega_1$ を求め，$\omega_2 - \omega_1$ と k との関係を示せ．ただし，重力加速度を $9.81\,\mathrm{m/s^2}$ とする．

6.7 スチール弦の密度を $9\,\mathrm{g/cm^3}$ とする．直径 $1\,\mathrm{mm}$，長さ $50\,\mathrm{cm}$ のスチール弦を $500\,\mathrm{N}$ の力で張ったとき，何 Hz の音が出るか？ さらにスチール弦の直径が半分になると，振動数はどのように変化するか？

⚡ **One Point**：フーリエ級数

重ね合わせの原理が成り立つと，$f(x)$ で表現される振動を振動数 n の単振動に分解することができる．区間 $[-\pi, \pi]$ で定義された積分可能な関数 $f(x)$ に対し，

$$\left. \begin{aligned} a_n &= \frac{1}{\pi}\int_{-\pi}^{\pi} f(x)\cos nx\,\mathrm{d}x \quad (n = 0, 1, 2, \cdots) \\ b_n &= \frac{1}{\pi}\int_{-\pi}^{\pi} f(x)\sin nx\,\mathrm{d}x \quad (n = 1, 2, 3, \cdots) \end{aligned} \right\} \tag{6.47}$$

を係数とする三角級数

$$f(x) = \frac{a_0}{2} + \sum_{n=1}^{\infty}(a_n \cos nx + b_n \sin nx) \tag{6.48}$$

を $f(x)$ の**フーリエ級数**という．$f(x)$ が適当な条件を満たすとき $f(x)$ のフーリエ級数は収束し，その和は $f(x)$ に等しくなる．与えられた波動 (または振動) がどのような振

動数の正弦波の重ね合わせであるか，フーリエ級数を用いて解析することを**フーリエ解析**あるいは**フーリエ変換**といい，物理学や工学の重要な手段となっている．フーリエ (Fourier, Jean-Baptiste-Joseph, 1768～1830) は，フランスの物理学者・数学者．

図 6.10 は $f(x) = x^2$，$-1 \leqq x \leqq 1$ をフーリエ級数に展開した例である．フーリエ級数の項を増やしていくとともに関数 x^2 が近似されていく様子がわかる．

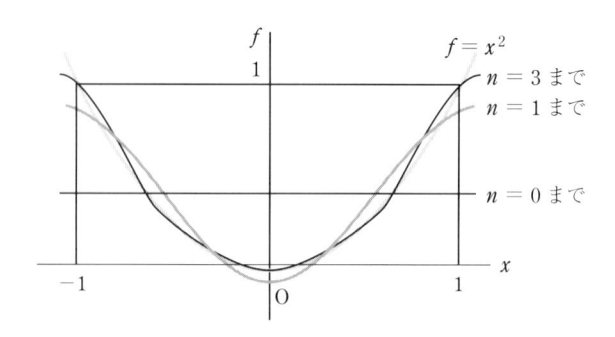

図 **6.10**　関数 x^2 のフーリエ級数による近似

⚠ One Point：微分方程式の線形性と重ね合わせの原理

微分方程式は 1 つ以上の解をもち，無限に多くの解をもつことがある．単振動の運動方程式は式 (6.3) の形の微分方程式で表され，数学的に斉次 (あるいは同次ともいう) 線形常微分方程式と呼ばれる．斉次 (同次) とは，定数項がなく x の 1 乗の項を含むこと，線形とは x について 2 乗や 3 乗の項がないこと，常微分とは変数の数が 1 つであることを意味する．この形の微分方程式は「その解の任意の一次結合はそれ自身，また 1 つの解となる」という重要な性質をもつ．

2 階の微分方程式は 2 つの独立な任意定数を含む一般解と，これら 2 つの定数にある値を与えて得られる特解から構成できる．いま，式 (6.3) の特解 x_1, x_2 (ただし，x_1 と x_2 は一次独立，すなわち x_1/x_2 が定数でない) がわかれば，一般解は A, B を任意定数として，

$$x(t) = Ax_1(t) + Bx_2(t)$$

となる．なぜなら，x_1 と x_2 が満たす方程式

$$\frac{\mathrm{d}^2 x_1}{\mathrm{d}t^2} + \omega x_1 = 0, \quad \frac{\mathrm{d}^2 x_2}{\mathrm{d}t^2} + \omega x_2 = 0$$

の両辺を，定数 A, B をかけ算して足し合わせると，

$$\left(A \frac{\mathrm{d}^2 x_1}{\mathrm{d}t^2} + B \frac{\mathrm{d}^2 x_2}{\mathrm{d}t^2} \right) + \omega (Ax_1 + Bx_2) = 0$$

となるので，上述の線形結合形式の解が式 (6.3) を満たしていることがわかる．このように斉次 (同次) 線形の微分方程式で支配される物理系では，いくつかの独立な原因に起因する応答 (微分方程式の解) は，個々の原因による応答を加え合わせて得られる．これを **重ね合わせの原理** という．

式 (6.3) の一般解である式 (6.8) は C と δ という 2 つの任意定数をもつことから，無数の振動状態が存在する．しかし，一般解が求まれば，逆に 2 つの初期条件を与えることで，解は定まる．たとえば，時刻 $t = 0$ で質点の変位 x と，そのときの質点の速度 dx/dt が与えられればよい．

連成振動の場合のように，運動方程式が斉次線形常微分方程式の連立となるときには，2 組の一次独立な特解の線形結合，すなわち重ね合わせの原理から一般解を構成することができる．

三角関数の公式

$$\sin(x+y) = \sin x \cos y + \cos x \sin y \tag{1}$$

$$\cos(x+y) = \cos x \cos y - \sin x \sin y \tag{2}$$

$$\sin x + \sin y = 2 \sin \frac{x+y}{2} \cos \frac{x-y}{2} \tag{3}$$

$$\sin x - \sin y = 2 \cos \frac{x+y}{2} \sin \frac{x-y}{2} \tag{4}$$

$$\cos x + \cos y = 2 \cos \frac{x+y}{2} \cos \frac{x-y}{2} \tag{5}$$

$$\cos x - \cos y = -2 \sin \frac{x+y}{2} \sin \frac{x-y}{2} \tag{6}$$

$$\sin x \sin y = -\frac{1}{2}\{\cos(x+y) - \cos(x-y)\} \tag{7}$$

$$\sin x \cos y = \frac{1}{2}\{\sin(x+y) + \sin(x-y)\} \tag{8}$$

$$\cos x \sin y = \frac{1}{2}\{\sin(x+y) - \sin(x-y)\} \tag{9}$$

$$\cos x \cos y = \frac{1}{2}\{\cos(x+y) + \cos(x-y)\} \tag{10}$$

第7章

波の反射，屈折，干渉

波は振動が媒質の中を次々と伝わる現象である．波の伝播は第6章で説明した波動方程式を解けば求めることができるが，数学的に高度なテクニックが必要である．ここでホイヘンスの原理を導入して，波の反射や屈折，干渉の現象を説明する．

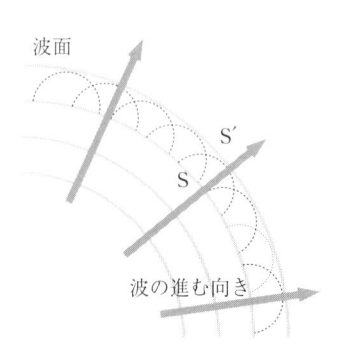

§1 ホイヘンスの原理

図7.1に波の伝わる様子を示す．ある時刻の波面(振動の位相が等しい点をつないだ面)をSとする．波面Sの各点から小さな素元波が発生し，それらの無数の素元波が重なり合って，次の時刻における波面S′になる．この繰り返しによって波は順次伝わっていく．このように，素元波の重ね合わせで実際の波が次々につくられるという考え方を**ホイヘンスの原理**という．ホイヘンスの原理は，波の伝播の基本過程を直感的に理解するのに役立つ．

図 **7.1** ホイヘンスの原理

§2 反射と屈折の法則

光が水面に当たると,一部は反射して空気中に戻るが,残りは屈折して水中を進む.一般に,波が媒質の境界面に入射すると反射や屈折が起こり,波の進む方向が変化する.

媒質 1 および媒質 2 の中での波の速さを v_1, v_2 とする.図 7.2 のように,入射波の波面 AB の一端 A が境界面に達すると,A に近い方から順次,素元波が広がる.B が B′ に達したときには,A から出た素元波は同じ媒質 1 中の A′ と媒質 2 中の A″ に達しているから,A′B′ が反射波の波面,A″B′ が屈折波の波面となる.反射波については AA′=BB′ となり,△ABB′=△B′A′A である.したがって,∠BB′A=∠A′AB′ となり,反射角 θ_1' は入射角 θ_1 に等しくなる.すなわち,

$$\theta_1 = \theta_1' \quad (\text{反射の法則}) \tag{7.1}$$

である.ここで,反射波の振動数,波数,速さは入射波のそれと同じである.

一方,異媒質中を進む波は,振動数や波数は入射波と変わらないが,速さが異なる.B が B′ に達するまでの時間を t とすると,$AA'' = v_2 t$, $BB' = v_1 t$ となる.したがって,

$$\frac{BB'}{AA''} = \frac{v_1 t}{v_2 t} = \frac{v_1}{v_2} \tag{7.2}$$

また,

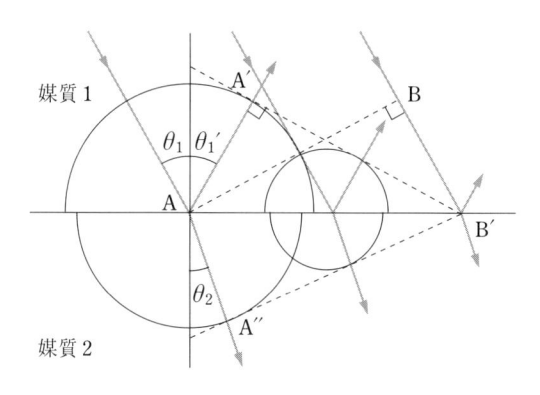

図 **7.2** 波の反射と屈折

$$\frac{\mathrm{BB'}}{\mathrm{AA''}} = \frac{\dfrac{\mathrm{BB'}}{\mathrm{AB'}}}{\dfrac{\mathrm{AA''}}{\mathrm{AB'}}} = \frac{\sin\theta_1}{\sin\theta_2} \tag{7.3}$$

であるから，式 (7.2)，(7.3) より，

$$\frac{\sin\theta_1}{\sin\theta_2} = \frac{v_1}{v_2} = n_{12} \quad (\text{屈折の法則}) \tag{7.4}$$

が得られる．n_{12} を媒質 2 の媒質 1 に対する**相対屈折率**という．これに対して，真空に対する屈折率を**絶対屈折率**，あるいは単に**屈折率**という．屈折率は入射角に関係なく，物質の種類によって決まる．

図 7.2 において屈折角 θ_2 が入射角 θ_1 より大きくなり，ある値 θ_c を超えるとすべて反射されて媒質 1 中に戻ってくる．この現象を**全反射**といい，θ_c を**臨界角**と呼んでいる．光の空気に対する水，ガラス，ダイヤモンドの臨界角は，それぞれ 48.5°，42°，24.4° となる．ダイヤモンドは屈折率が大きく，臨界角が小さいので，入射光の大部分が全反射する．ダイヤモンドがキラキラと輝くのはこのためである．光ファイバーやカメラのペンタプリズムは全反射を巧みに利用している．また，暑い夏の日にアスファルトの路面がぬれて見える道路の"逃げ水"も全反射の現象である．

[例題 7.1] **臨界角**

式 (7.4) の屈折の法則が，空気中からガラスへ入射する光に適用できるものとする．ガラス－空気の界面で全反射が起こる条件，すなわち臨界角は $\sin\theta_c = 1/n_{12}$ で与えられることを証明せよ．

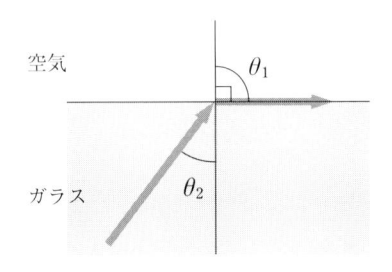

図 **7.3** 全反射

〔解 説〕 全反射は波が加速,すなわち光がガラスから空気中に伝播する界面で起こる.したがって,図 7.3 に示すように全反射は $\theta_1 = 90°$, $\theta_2 = \theta_c$ のときに起こる.式 (7.4) より $\dfrac{\sin\theta_c}{\sin 90°} = n_{21}$,すなわち臨界角は $\sin\theta_c = n_{21} = \dfrac{1}{n_{12}}$ で与えられる.

§3 波の干渉

図 7.4 のように,平面波 (点源からはるかに離れた位置で,波面がほとんど平面になっている波) が進んできた先に,2 つのスリットがあいた板が置いてあるものとする.このとき,スリットから十分離れた位置に置いたスクリーン上に干渉によって縞模様が現れる.波を光として,縞模様で明るくなる位置の条件を求めてみよう.

それぞれのスリットの右側では,図 7.4 のように波が進むと考えてよい.すなわち,ホイヘンスの原理から,各スリットがそれぞれ波を発生する波源となっている.このとき,それぞれのスリットの位置から進む波は,$A\cos(kr - \omega t - \delta)$ と表される.図のスクリーン上では,2 つのスリットからくる波の重ね合わせが起こる.2 つのスリットからの距離を r_1, r_2 とすると,

$$A\cos(kr_1 - \omega t - \delta) + A\cos(kr_2 - \omega t - \delta)$$

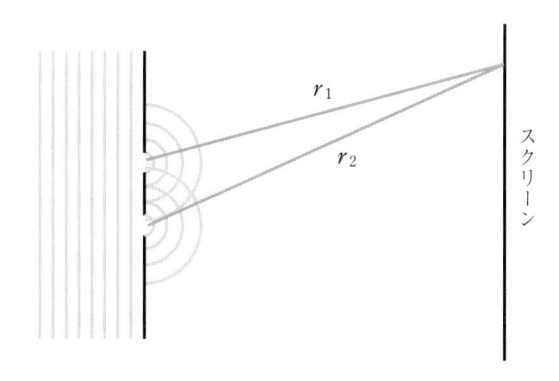

図 7.4　2 本のスリットからの波の干渉 (ヤングの実験)

$$= 2A\cos\left\{\frac{k}{2}(r_1+r_2)-\omega t-\delta\right\}\cos\left\{\frac{k}{2}(r_1-r_2)\right\} \quad (7.5)$$

となる.ただし,2つのスリットからの波の位相は同じ δ としている.式 (7.5) は,もし $\cos\left\{\frac{k}{2}(r_1-r_2)\right\}=0$ のときには波の干渉で振幅が消えるし,逆にもし $\cos\left\{\frac{k}{2}(r_1-r_2)\right\}=\pm1$ ならば振幅が最大になることを意味している.光の場合には,振幅が最大のところは他よりも明るくなる.

明るくなる位置の条件は,
$$\frac{k}{2}(r_1-r_2)=m\pi \quad (m\text{ は任意の整数}) \quad (7.6)$$
である.あるいは,
$$r_1-r_2=\frac{2\pi}{k}m=m\lambda \quad (7.7)$$
すなわち,光路差 r_1-r_2 が波長 λ の整数倍ならば,山と山が重なって波が強め合うことになる.

図 7.5 のように,スリットとスクリーンの距離が十分に大きい場合には,光路差は,
$$r_1-r_2=d\sin\theta\cong\mathrm{d}\theta \quad (7.8)$$
と近似できる (p.76 のワンポイント「テーラー展開」を参照).さらに,

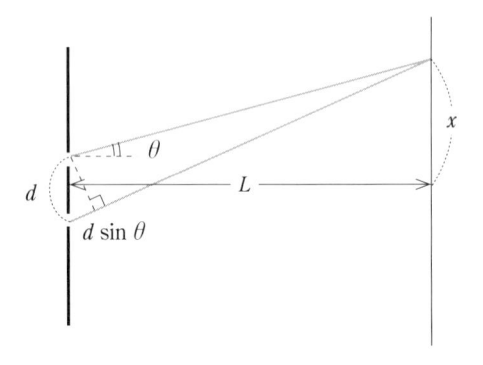

図 **7.5** $\dfrac{x}{L}$ が非常に小さい場合の近似

$$\frac{x}{L} \cong \tan\theta \cong \theta \tag{7.9}$$

式 (7.8), (7.9) を式 (7.7) に代入すると,

$$d\theta = d\frac{x}{L} = m\lambda \quad \text{すなわち} \quad x = \frac{L\lambda}{d}m \quad (m\text{ は整数}) \tag{7.10}$$

と書き直すことができる. すなわち, スクリーン上に $L\lambda/d$ の間隔で等間隔に明るいところが並んだ縞模様が現れることになる.

章末問題

7.1 真空中での光速は 2.998×10^8 m/s である. 水とガラスの中での光の速さをそれぞれ求めよ. ただし, 水の屈折率を 1.33, ガラスの屈折率を 1.52 とする.

7.2 図 7.6 は光ファイバーを模式的に示す. すなわち, 屈折率 n のアクリル製の透明で細長い円柱が, 屈折率 n_0 の物質で囲まれているものとする. 垂直な円形の光ファイバー断面に向かって, 入射角 θ_1 で光が入るとき, 壁から外へ光が出ることなく全反射を繰り返して他端へ出ていくための条件を求めよ.

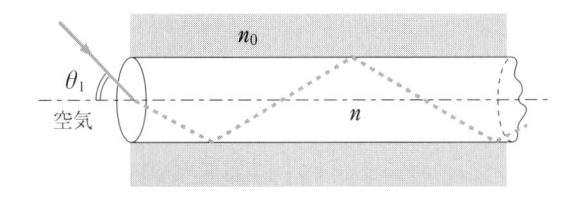

図 7.6 光ファイバー内の全反射

7.3 図 7.7 のように, 屈折率 n の薄膜の上の境界で反射される光と, 1 回膜の中に入り下の境界で反射してから出てくる光の干渉を考えよう. 2 つの光の位相差を計算して, 干渉によって強め合う (シャボン玉のような薄膜では反射された光は虹色に輝いて見える) 条件を求めよ. ただし, 薄膜の上の境界で光が反射されるとき, 位相は π だけずれるものとする. また, 光の波長を λ とする.

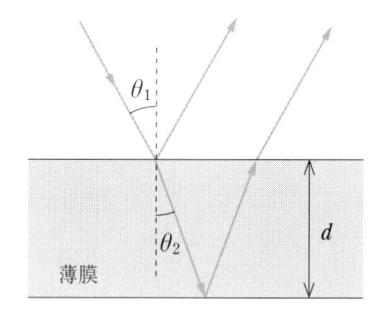

図 **7.7** 薄膜の反射による光の干渉

⦿ One Point：テーラー展開

与えられた関数が多項式で展開できると，計算が簡単になる．たとえば

$$\sin x = x - \frac{1}{3!}x^3 + \frac{1}{5!}x^5 - \cdots \tag{1}$$

$$\cos x = 1 - \frac{1}{2!}x^2 + \frac{1}{4!}x^4 - \cdots \tag{2}$$

$$\tan x = x + \frac{1}{3!}x^3 + \frac{2}{15}x^5 + \cdots \tag{3}$$

$$e^x = 1 + x + \frac{1}{2!}x^2 + \frac{1}{3!}x^3 + \cdots \tag{4}$$

$$\log(1+x) = x - \frac{x^2}{2} + \frac{x^3}{3} - \cdots \tag{5}$$

$$(1+x)^\alpha = 1 + \alpha x + \frac{\alpha(\alpha-1)}{2!}x^2 + \cdots \tag{6}$$

$$\frac{1}{1-x} = 1 + x + x^2 + x^3 + \cdots \tag{7}$$

のような有限項の近似が可能である．数学的には，関数 $f(x) = x_0$ を含むある区間で連続かつ無限回微分可能なとき，べき級数を，$x = x_0$ を中心とする $f(x)$ の**テーラー級数**という．テーラー級数が収束し，かつその和が $f(x)$ に等しいとき，これを $f(x)$ の**テーラー展開**ともいう．とくに，$x_0 = 0$ の場合を**マクローリン展開**といい，上の諸式はこの場合である．工学ではテーラー展開による近似をよく使うが，ほとんどが 1 次近似か，せいぜい 2 次近似で十分である．

テーラー (Taylor, Brook, 1685～1731) は英国の数学者．1714～18 年，王立協会長．1715 年，微分学のテーラーの定理を発表したが，その価値は 1772 年にラグランジュによりはじめて認められた．

☕ Coffee Break：虹は七色？

虹が見えるのは，水滴に太陽の光が当たり，反射するからだ．だから，虹が見える方向は，夕方は東の空，朝は西の空で，太陽とは反対の空．虹を見る人の後ろからきた光線は，水滴の中に入り屈折し，反射し，また屈折して約 42° の角度で反射する．その光の中で，人の目にとどく高さに帰ってきた光が虹となって見える．虹が七色の帯になるのは，太陽の光が七色でできていて，色によって屈折する角度がほんの少しずつ違うからだ．色の順序は，内側が紫，外側が赤で，完全なときには中間に藍，青，緑，黄，橙をはさむが，必ずしもこれらの色がすべて現れるとは限らない．主虹の外側に約 51° で反射した光が見えることがある．これは副虹と呼ばれ，色の順序は主虹と逆になる．

日本では虹は七色とされている．しかし，世界基準は藍色 (indigo blue または deep blue) を抜かした六色．フランスも七色だそうで，色についてはフランス人と日本人はなかなかデリケートな国民なのである．

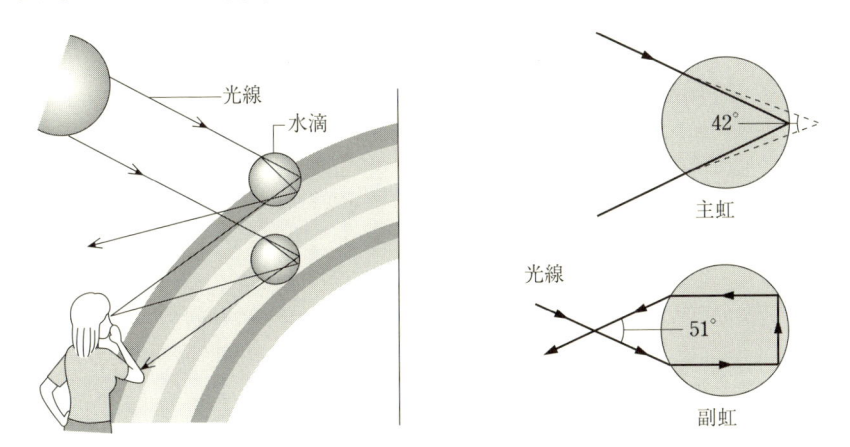

図 **7.8** 虹が見える仕組み

第8章

温度と熱エネルギー

　私たちは身のまわりの物質がすべて原子または分子でできていることを知っている．その数はアボガドロ数)6.02×10^{23}) 程度の膨大な数である．．微視的立場) 分子・原子論的立場) に立てば，これら膨大な数の原子・分子の運動状態を明らかにしなければ何もわからないことになる．しかし，実際はそうではない．巨視的立場) 熱力学的立場) に立って，着目した物質の状態を記述する物理量に注目しよう．この物理変数を巨視的変数) 熱力学変数) と呼ぶ．気体の示す温度や圧力が巨視的変数の例としてあげられる．巨視的変数を必要な数だけ) その数は少数) 指定することによって，その物質は一定の物理的状態) 熱力学的状態)，すなわち巨視的には変化のない状態に保つことができる．注目した物質の巨視的変数どうしの関係を明らかにしたり，状態変化の前後における巨視的変数の量的関係を調べることができれば，原子・分子のレベルに立ち入らなくても，ほとんどの場合，知りたい情報を手にしたことになる．その理論的手法を与えるのが**熱力学**といわれる学問分野である．熱力学という名前は，熱という形態のエネルギー移動を利用して仕事を取り出そうとする研究に端を発していることからつけられた．

　第8章から第11章まで，熱力学の基礎を学ぶことにしよう．上で述べたように，熱力学では物質の状態を記述するのに必要なのはいくつかの組の巨視的変数であって，原子・分子レベルのミクロな情報は必要ない．しかし，それでは説明が抽象的になってしまうので，ところどころ原子・分子レベルのミクロな情報から巨視的変数を表してみることにする．これは，あくまでも，原子論的思考に慣れた私たちが熱力学をよりよく理解するための手段にすぎないことを注意しておく．説明に先立って，いくつかの用語をまとめておく．

系　考察の対象にする物理的な体系のこと．熱力学の場合は空間的・時間的に巨視的な広がりをもつ．多数の原子・分子の集まった物質が代表的な例である．コップにとった水，ひとかけらの氷も「系」であり，氷を浮かべた水もひとまとまりにして考えるときには「系」といってよい．

> **状態量** 系の状態を記述する巨視的な物理変数．熱力学的変数ともいう．温度や圧力が代表例．
> **熱力学的平衡状態** 少数の組の状態量で指定される，巨視的レベルでこれ以上変化の起きない物理状態．

§1 温度と熱運動

　温かい，冷たいという感覚は直感的にわかりやすい．お風呂のお湯は温かく，氷水はとても冷たい．しかし，「温かさ」の程度は個人差があって大変なばらつきがある．これを数値化して万人共通の尺度としたものが**温度**である．温度が1つの値に決まるためには，そもそも，その温度を測りたい物質系の状態がそれ以上変化しない状態，すなわち**熱力学的平衡状態**になっている必要がある．温度の測定には次の2点の経験的事実が暗黙のうちに仮定されていることに注意しよう．

(1) 系Aと系Bを熱的に接触させて長時間おけば，熱力学的平衡状態を達成することができる．

(2) 系Aと系Bが熱力学的平衡状態にあり，かつ，系Bと系Cが熱力学的平衡状態にあれば，系Aと系Cは熱力学的平衡状態にある．

これらは，系Aと系Cを人，系Bを体温計と考えれば容易に納得することができるだろう．(1) はAさんが体温を測るために体温計Bを脇の下にはさんで，熱力学的平衡状態を達成するためにじっと待つことに相当する．(2) は，同じ体温計Bの読みが，AさんとCさんで同じならば，AさんとCさんとでおでこを突き合わせなくても，すなわち熱的接触をさせなくても，両者が同じ体温をもつことを保証している．(1) と (2) を認めることにより，熱力学的平衡状態の1つの指標となる温度という物理量の存在が保証されるわけである．

　温度という物理量を与える源は，系を構成するたくさんの原子）あるいは分子）の乱雑な運動である．これを**熱運動**という．高温では熱運動が活発であり，低温では熱運動が緩慢である．低温の系に高温の熱源を接触させると，熱源を構成する原子の活発な熱運動が徐々に低温の系を構成する原子に伝わって，ついには系の原子の熱運動が熱源と同程度に活発になって，温度が熱源と

同じになる．熱運動の形態のエネルギーを**熱エネルギー**というが，熱エネルギーが高温の熱源から低温の系に流れて，系の温度が上昇したわけである．ここで，低温の系から高温の熱源に熱エネルギーが流れて，低温の系がますます低温になることはないことに注意しよう．

少し先回りして，系を構成する原子の微視的な情報から温度を計算する方法を与える．系を構成する原子の運動エネルギーの総和を，系の運動の全自由度 f で割った値が，$\frac{1}{2}k_\mathrm{B}T$ に等しい．系の運動の全自由度とは，系の力学的な状態を完全に定めるのに必要な運動量成分の数であり，単原子気体の場合には，各原子につき x, y, z の 3 成分があるから，系の原子数 N に対して $3N$ が運動の全自由度となる．k_B はボルツマン定数といわれる定数であり，$1.38 \times 10^{-23}\,\mathrm{J/K}$ である．数式で表せば，

$$\frac{\sum_{i=1}^{N}\frac{1}{2}m_i v_i^2}{f} = \frac{1}{2}k_\mathrm{B}T \tag{8.1a}$$

となる．ただし，単原子気体の場合には，

$$f = 3N \tag{8.1b}$$

である．

逆にいうと，温度を測定することによって，系を構成する原子の 1 自由度あたりの運動エネルギーの平均値が得られるわけである．さらにいえば，系を構成する個々の原子の運動の情報を得るのは) 原子の個数がアボガドロ数の程度で非常に多いことから実際上) 不可能であるために，温度くらいしか測定のしようがないのである．しかし，この温度なる物理量は，ボルツマン因子の中に現れて，微視的な状態の出現確率を表すというきわめて重要な役割を果たすことを後で学ぶことになるだろう．読者はボルツマン因子の微視的立場と巨視的立場を結びつける魔法のような役割に，感激を覚えるであろう．詳しくは，p.117 を参照せよ．

[例題 8.1] 単原子気体の温度と運動エネルギー

1 モルの単原子気体の，室温 300 K における運動エネルギーは，1 原子あたり平均してどのくらいか．また，この系の全運動エネルギーを求めよ．

〔解 説〕 式 (8.1) を使う．まず $\frac{1}{2}k_\mathrm{B}T$ を計算する．

$$\frac{1}{2} \times (1.38 \times 10^{-23}\,[\mathrm{J/K}]) \times 300\,[\mathrm{K}] = 2.07 \times 10^{-21}\,[\mathrm{J}]$$

これは，この単原子気体の 1 自由度あたりの運動エネルギーである．式 (8.1a) の左辺参照．1 原子の運動の自由度は x, y, z 方向の 3 であるから，これを 3 倍して 1 原子あたりの平均の運動エネルギーが 6.21×10^{-21} J と求まる．これにさらに全分子数)1 モル × アボガドロ定数) をかけることによって，この系の全運動エネルギーを求めることができる．したがって，答として，

$$(6.21 \times 10^{-21}\,[\mathrm{J}]) \times (6.02 \times 10^{23}) = 3.74 \times 10^3\,[\mathrm{J}]$$

を得る．

§2 仕事等量

仕事等量という物理量は，2 つの重要な情報を含んでいる．1 つは，熱がエネルギーの一形態であることであり，もう 1 つは，熱エネルギーと力学的エネルギー) つまり仕事) との量的な換算率である．力学的エネルギーが熱エネルギーに変化するとき，1 ジュールの仕事は何カロリーになるのか．ここで 1 カロリー [cal] とは，1 g の水を 1 °C 上昇させるのに必要な熱エネルギーのことであり[1]，1 ジュール [J] とは，1 ニュートン [N] の力が物体に作用してその方向に 1 m 動かす際にその力がなす仕事である．両方ともエネルギーの単位であるから，両者の間には換算率が決められる．これを最初に測定したのが，ほかならぬジュール)J. P. Joule) であった．水を入れた容器に撹拌器を入れ，この撹拌器を力学的な仕事により回転させる．すると，容器の中の水の温度が上昇する．与えた仕事量と水温の上昇を正確に測定することにより，熱エネルギーと力学的エネルギーの換算率が定まる．実験から，1 cal は 4.19 J に相当することがわかった．これを**熱の仕事等量**という．

工学的には，蒸気のような熱エネルギーから力学的エネルギーを取り出すことが重要である．ここで，熱エネルギーをすべて力学的エネルギーに変換でき

---

[1] 正確には，純水 1 g を 1 atm の圧力下で 14.5 °C から 15.5 °C まで上昇させるのに必要な熱量．

るかどうかを考えてみてもらいたい．これはエネルギー保存の法則からはもちろん可能である．事実，1回限りの作業であれば可能である．しかしながら，この作業を何回も継続的に行おうするとき，それは不可能であるということがわかっている．これについては第11章「熱力学第2法則」を見てもらいたい．

[例題 8.2] **仕事の熱エネルギーへの換算**

ジュールの実験を以下の手順のように行った．

図8.1のように，断熱容器に100gの水を入れ，おもりに作用する重力によって容器内に取り付けた羽根を回して力学的な仕事を水に与える．この仕事が熱エネルギーに変わるために水の温度が上昇する．これを温度計で測定する．

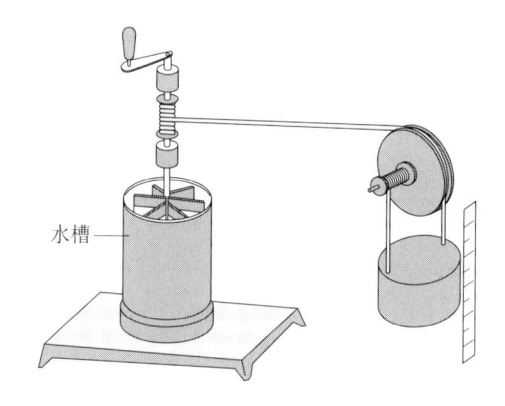

図 **8.1** ジュールの実験

(1) おもりを1kgとする．はじめ，おもりを手で持って静止させておき，静かに手を離しておもりを降下させる．1.5m降下したとすると，おもりが水に与えた力学的な仕事はいくらか．
(2) 力学的な仕事がすべて水温を上昇させる熱エネルギーに変わったとする．このときの水温上昇を求めよ．
(3) 容器内に入れる液体を水から油に変えて，同じ実験を行った．油の温度上昇を求めよ．ただし，油の比熱を $2.0\,\mathrm{J/g\cdot{}^\circ C}$ とする．

〔解 説〕
(1) おもりの失った位置エネルギーが，水に対しておもりがした仕事になる．

よって $mgh = 1.00\,[\text{kg}] \times 9.8\,[\text{m/s}^2] \times 1.5\,[\text{m}] = 14.7\,[\text{J}]$.

(2) (1) で求めた仕事をカロリーに換算して，$14.7\,[\text{J}]/4.19\,[\text{J/cal}] = 3.51\,[\text{cal}]$ を得る．100 g の水を 1 ℃ 上昇させるためには 100 cal 必要である．よって，温度上昇は $3.51\,[\text{cal}]/100\,[\text{cal/℃}] = 0.035\,[℃]$ となる．

(3) 比熱とは，ある物質 1 g の温度を 1 ℃ だけ上昇させるのに必要な熱量のことである．今の場合，100 g の油が 14.7 J の熱量を受け取ったから，$14.7\,[\text{J}]/(100\,[\text{g}] \times 2.0\,[\text{J/g}\cdot℃]) = 0.074\,[℃]$ が求める温度上昇である．

§3 理想気体

理想気体とは，読んで字のごとく，現実には存在しない理想化した気体のことである．理想気体の状態方程式は，高温・低圧の条件のもとでは現実の気体の振る舞いに一致するように定められている．式で示すと

$$PV = nRT \tag{8.2}$$

である．P は気体の圧力，V は体積，n はモル数，T は温度 [K]，R は定数であり，**気体定数**と呼ばれる．物理では単位は MKSA 単位系を採用するので P の単位は Pa) パスカル，N/m^2 のこと)，V の単位は m^3 である．

この場合，R の値は $8.31\,\text{J/mol}\cdot\text{K}$ となる．

[例題 8.3] 高温・低圧の条件のもとでの現実の気体の振る舞い

理想気体の状態方程式を導く基礎となった，高温・低圧の条件のもとで現実の気体が示す振る舞い) 気体の圧力，温度，体積の関係に関する法則) を 2 つあげよ．

〔解説〕 この 2 つの法則を示す．

(1) 一定温度では気体の圧力と体積の積は一定に保たれる) **ボイルの法則**)．

(2) 圧力が一定で，一定質量の気体の体積は，温度を 1 K だけ変化させると，0 ℃ における体積の $\dfrac{1}{273}$ だけ変化する) **シャルルの法則**)．

シャルルの法則によれば，気体の温度を下げていって，$-273\,℃$ にしたとき，気体の体積はゼロになる．温度も，この温度をゼロ点にとった方がむしろ自然である．これが**絶対温度**であり，$-273\,℃$ を絶対零度と呼ぶ．気体を構成する

原子には有限の大きさがあるから，実在の気体の体積がゼロになることはありえない．しかし，あらゆる温度・圧力でボイルの法則・シャルルの法則が厳密に成り立つ仮想的な気体を考えると，理論的な考察が便利である．それが**理想気体**である．理想気体を構成する理想的な原子は，互いに引き合ったり近づきすぎたときに反発するような相互作用をしない．したがって，ある速度で飛びまわる質点の集合体として考えることができる．実際，有限の体積に閉じ込められた質点の力学的な運動から，理想気体の状態方程式を導くことができる．これについては第12章「気体分子運動論」を参照してほしい．

[例題 8.4] 理想気体の熱膨張率

理想気体について，$\frac{1}{V}\left(\frac{\partial V}{\partial T}\right)_P$ を求めよ．

〔解説〕 理想気体の状態方程式を変形して，
$$V = \frac{nRT}{P} \tag{8.3}$$

とする．一定量の気体ならば n と R は定数であるから，これは V が T と P の2変数関数であることを意味する．したがって，$\left(\frac{\partial V}{\partial T}\right)_P$ や $\left(\frac{\partial V}{\partial P}\right)_T$ といった偏微分が考えられる．$\left(\frac{\partial V}{\partial T}\right)_P$ は，圧力 P を一定に保って温度を変化させたとき，体積が温度に対して変わる割合を示している．式 (8.3) を代入すれば $\left(\frac{\partial V}{\partial T}\right)_P = \frac{nR}{P}$ であることはすぐにわかる．この式を式 (8.3) で割ると，$\frac{1}{V}\left(\frac{\partial V}{\partial T}\right)_P$ が求められる．したがって，答として，

$$\frac{1}{V}\left(\frac{\partial V}{\partial T}\right)_P = \frac{nR}{P} \cdot \frac{P}{nRT} = \frac{1}{T}$$

を得る．これが理想気体の熱膨張率である．

章末問題

8.1 1モルの単原子気体の，液体窒素温度 77.3 K における運動エネルギーは，1原子あたり平均してどのくらいか．また，この系の全運動エネルギーを求めよ．この系の 77.3 K と 300 K における 1 原子の平均の速さの比はどれくらいの値になるか．

8.2 0 °C の氷が 1 kg ある．これを布でこすって溶かし，0 °C の水にしたい．氷の融解熱を 80 cal/g として，この氷に与えるべき力学的エネルギーを求めよ．

8.3 1モルの理想気体について，$\left(\dfrac{\partial V}{\partial P}\right)_T$ を求めよ．また，その物理的意味を説明せよ．

☕ Coffee Break：モル，標準状態，気圧

1 モル [mol] は，炭素の同位体 ^{12}C の 12 g 中に含まれる炭素原子数と同じ数の粒子)原子，分子，イオンなど)を含む物質の量のことである．1 モル中の粒子の数はアボガドロ数と呼ばれ，6.02×10^{23} と定められている．アボガドロ数はいろいろな実験から決めることができる．歴史的には，同温・同圧・同体積の気体は同数の分子を含むというアボガドロの仮説から導かれた基礎定数である．

標準状態は，0 °C，1 気圧の条件のことをいう．0 °C は 273 K，1 気圧は 1.01×10^5 Pa である．標準状態において理想気体 1 モルの体積は 22.4 リットル)$0.0224 \, \mathrm{m}^3$)である．この値と，実在気体のそれとは有効数字 2〜3 桁の範囲で合致する．

第9章

熱力学第1法則

　力学を学習したときに，ポテンシャルエネルギー(位置エネルギー)が定まる系においては，ポテンシャルエネルギーと運動エネルギーの和が保存することを見た．ポテンシャルエネルギーは粒子の位置座標だけで決まることに注意しよう．そして，ある基準とする位置から，粒子がいる位置に移動する際に必要な仕事量は，どんな道筋を通っても同じでなければポテンシャルエネルギーは定まらない．また，第8章「温度と熱エネルギー」のところで，熱とはエネルギーの一形態であって，力学的エネルギーと熱エネルギーは互いに変換しうることを学んだ．エネルギーという概念がいかに重要であるか，エネルギーが保存するという法則が，いかにさまざまな場面に適用できるかということに気づいてもらいたい．**熱力学第1法則**は，内部エネルギーという状態量が存在し，熱エネルギーも含んだエネルギー保存則が成立することを宣言するものである．

§1 内部エネルギー

　熱エネルギーも含んだエネルギー保存則を定式化する際に，熱を受け取ったり放出したりする系を考えてみよう．それはしばしば気体とか，固体・液体などの，莫大な数の原子から構成されている．その個々の原子の運動を知ることは実際上不可能である．このミクロなレベルでの詳細な情報を使わずにエネルギー保存則を定式化するためには，系全体のもつエネルギー (すなわち，個々の原子のもつ運動エネルギーの総和と，位置エネルギーの総和) に着目すればよい．それを系内部に蓄えられるエネルギーという意味で，**内部エネルギー**と呼び，U と表す．例としてジュールの実験 (例題 8.2) を考えよう．ジュールの実験において，容器に入った水という系がもつ内部エネルギーは，個々の水分子のもつ運動エネルギーの総和と，水分子どうしの相互作用から決まる位置エネルギーの総和を足し合わせたものである．この系の内部エネルギーを上昇さ

せるにはどうするか．方法は2つある．1つは，ジュールのやったように系に対して仕事をすることである．もう1つは，誰もがお湯を沸かすときにやるように，直接火にかける．すなわち，系に熱を与えることである．

熱力学第1法則は，系の内部エネルギーの増加分 ΔU が，系に与えた仕事 W と熱 Q の和で与えられることを示している．

$$\Delta U = W + Q \tag{9.1}$$

ここで，W と Q の正負に注意しよう．系に与える場合が正であり，負の場合には系から外に与えていることになる．また，同じ ΔU を実現する W と Q の組み合わせは無数にあることに注意しよう．水の内部エネルギーを 1J 増加させるのに，仕事だけ与えてもよいし，熱だけ与えてもよいし，仕事と熱を同時に与えてもよいわけである．つまり W と Q の値は，実際に行う過程に依存している．これに対して，内部エネルギー U の方は，ミクロなレベルでの解釈 (個々の原子のもつ運動エネルギーの総和と位置エネルギーの総和を加算した値) からわかるように，系の状態が決まれば一意的に決まる物理量 (**状態量**) である．系の状態を決めるとは，系に対してとるべき熱力学的変数 (温度，圧力，体積など) の組を指定することを意味する．指定すべき熱力学的変数の数は少数個で，理想気体の場合には2つである．熱力学的変数を固定すると，系の状態は1つに決まってしまい，熱力学的な平衡状態に落ち着く．このとき，個々の原子のもつ運動エネルギーの総和 (これは系の温度に相当する物理量) および系の位置エネルギーの総和 (これは系を構成する個々の原子の位置座標を指定すれば決まる) は，いずれも微小な変動はあるけれども，ある一定の平均値に落ち着くことがわかるだろう．

熱力学第1法則の内容をまとめておこう．

系に対して，仕事 (W) および熱量 (Q) を与える．これらは変化の過程に依存して決まる量である．ところが，これらの和をとると，変化の過程に依存しない量 (状態量) となり，系の内部エネルギーの変化 (ΔU) に一致する．

$$\Delta U = W + Q \tag{9.1}$$

例題 9.1 理想気体の内部エネルギー

理想気体を構成する原子は力を及ぼし合わないので，位置エネルギーはゼロである．したがって，理想気体の内部エネルギー U は個々の原子の運動エネルギーの総和だけである．このことと式 (8.1) から，単原子理想気体 1 モルの内部エネルギーを温度の関数として表せ．

〔解 説〕

$$U = \sum_{i=1}^{N} \frac{1}{2} m_i v_i^2 = f \cdot \frac{1}{2} k_B T = 3N \cdot \frac{1}{2} k_B T = \frac{3}{2} RT \tag{9.2}$$

N はアボガドロ数である．2 番目の等号では式 (8.1) を用いて変形した．3 番目の等号では，単原子理想気体の運動の自由度 f が $3N$ であることを用い，最後の等号では $N \cdot k_B$ がちょうど気体定数 R になることを用いた．結果をまとめると，単原子理想気体 1 モルの内部エネルギーは，

$$U = \frac{3}{2} RT \tag{9.3}$$

である．これは覚えておいてほしい．n モルの場合は，式 (9.3) を n 倍すればよい．なぜなら，式 (9.2) で粒子数がアボガドロ数の n 倍になるからである．

§2 気体のする仕事

次に，理想気体が外部にする仕事について考えよう．図 9.1 のように，n モルの理想気体が断面積 S のピストンのついたシリンダー内に閉じ込められている．この時点での気体の体積を V，圧力を P とする．シリンダーの外の圧力も P であって，これによってピストンの位置がつり合っている．

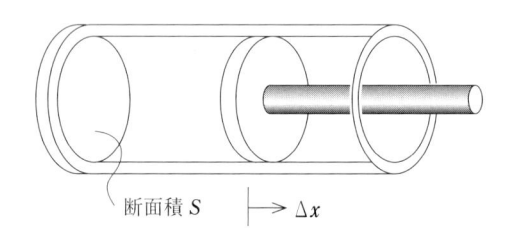

図 9.1 シリンダーに入った理想気体の膨張による仕事

ピストンのつり合いをもう少し詳しく考えてみよう．外界がピストンを左側に押している力 $F_{外界}$ は (外界の圧力 $P_{外界}$)・(ピストンの断面積 S) である．理想気体がピストンを右側に押している力 $F_{気体}$ は (気体の圧力 $P_{気体}$)・(ピストンの断面積 S) であるから，$F_{外界} = F_{気体}$ となってピストンの位置がつり合っているわけである．この理想気体が膨張してピストンを Δx だけ外側に押し出したとする．このとき，理想気体は，外界がピストンを介して気体を押す力 $F_{外界}$ に抗して，$F_{外界}$ よりもほんのわずか大きな力をピストンに与え，ピストンを Δx だけ動かす．したがって，気体がピストン，すなわち外界にした仕事 ΔW は $F_{外界} \cdot \Delta x$ で与えられる．すなわち，

$$\Delta W = F_{外界} \cdot \Delta x = (P_{外界} \cdot S) \cdot \Delta x = P_{外界} \cdot (S \cdot \Delta x)$$
$$= P_{外界} \cdot \Delta V \tag{9.4}$$

ΔV は気体の体積変化である．今の場合 $P_{外界} = P$ であるから $\Delta W = P \cdot \Delta V$ となる．気体のする仕事は，外界からの力に抗して行われることに注意しよう．外界が真空であった場合には，$P_{外界} = 0$ であるから，式 (9.4) に代入して $\Delta W = 0$ である．

〔例題 9.2〕 **理想気体の比熱**

理想気体の **定積比熱** C_v [J/mol・K] と **定圧比熱** C_p [J/mol・K] を求めよ．

〔解説〕 比熱とは，ある条件のもとで，一定量の物質 (1g とか 1 モル) の温度を 1 K 上昇させるのに必要な熱量のことである．系の体積が一定という条件のもとでの比熱が定積比熱であり，系の圧力が一定という条件のもとでの比熱が定圧比熱である．熱力学第 1 法則 $\Delta U = W + Q$ (式 (9.1)) から，$Q = \Delta U - W$ となるが，この式は，系に流入する熱量が，系の内部エネルギー変化 ΔU と系が外界にする仕事 $-W$ (符号に注意) の和で求められることを示している．熱量は過程に依存するから，条件を決めてはじめて求められる物理量であることに注意しよう．

定積比熱の場合は，体積が一定であるから，このときの理想気体は仕事をしない．したがって，熱力学第 1 法則から，内部エネルギー変化と外から流入する熱量が等しくなる ($\Delta U = Q$)．理想気体 1 モルの内部エネルギーは式 (9.3)

で与えられるから，$\Delta U = \frac{3}{2}R\Delta T$ である．したがって，

$$C_{\mathrm{v}}\,[\mathrm{J/mol\cdot K}] = \left(\frac{Q}{\Delta T}\right)_{V=\mathrm{const}} = \frac{\Delta U}{\Delta T} = \frac{3}{2}R \tag{9.5}$$

を得る．$V = \mathrm{const}$ は，体積一定の条件で熱が流入することを表している．

定圧比熱の場合は，圧力 P が一定であるから，このときの理想気体は式 (9.4) より $-W = P\Delta V$ の仕事を外界にする．この際の温度変化を ΔT とすると，理想気体の状態方程式から $P\Delta V = R\Delta T$ の関係が得られる．熱力学第 1 法則から，気体の内部エネルギー変化と外にする仕事の和が系に流入する熱量に等しくなる $(Q = \Delta U - W)$．したがって，

$$\begin{aligned}C_{\mathrm{p}}\,[\mathrm{J/mol\cdot K}] &= \left(\frac{Q}{\Delta T}\right)_{P=\mathrm{const}} = \frac{\Delta U - W}{\Delta T} = \frac{\Delta U}{\Delta T} + \frac{P\Delta V}{\Delta T} \\ &= \frac{3}{2}R + \frac{R\Delta T}{\Delta T} = \frac{3}{2}R + R = \frac{5}{2}R\end{aligned} \tag{9.6}$$

を得る．$P = \mathrm{const}$ は，圧力一定の条件を表している．

§3 理想気体の等温変化

n モルの理想気体が外部にする仕事を，等温変化の場合について求めよう．気体の体積は最初 V_A で，最後に V_B になったとする．ただし，外界の圧力はつねに気体の圧力に等しく，気体の体積変化は非常にゆっくりと起こるものとする．

等温変化であるから，気体の温度は最初から最後まで一定である．この温度を T としよう．理想気体であるからつねに状態方程式 $PV = nRT$ を満たす．よってこの場合，PV が一定値 nRT となるように圧力 P，体積 V が変わる．つまり，P と V は独立に変化できない．そこで P を V の関数として表すことにしよう．状態方程式から，

$$P = \frac{nRT}{V} \tag{9.7}$$

この状態からほんの少しだけ体積が膨張したとすると，気体のした仕事は，

$$\Delta W = P\Delta V = \frac{nRT}{V}\Delta V \tag{9.8}$$

となる．この $P\Delta V$ は，力学での仕事 $F\Delta x$ (p.36 参照) と同じであることに注意しよう．このことをディメンションから考えてみよう．P は単位面積あたりの力であるから $[\text{Pa}]=[\text{N/m}^2]$ で，ΔV は体積の変化であるから $[\text{m}^3]$ である．よって $P\Delta V$ の単位は $[\text{N/m}^2]\cdot[\text{m}^3]=[\text{N·m}]=[\text{J}]$ となって，力学での仕事と同じになる．また，この気体の体積変化が，特に断面積 S のピストンに閉じこめられた状態で起きたとすると，体積変化 ΔV はピストンの位置の変化 Δx を使って $\Delta V = S \cdot \Delta x$ と表されるから $P\Delta V = P \cdot S\Delta x = F\Delta x$ となって，$P\Delta V$ が力学での仕事に他ならないことがわかる．気体の体積は最初 V_A であった．だから，体積が V_A から $V_A + \Delta V$ に変化したときに気体のした仕事は，式 (9.8) の V に V_A を代入すればよい．ところが，体積が次に $V_A + \Delta V$ から $V_A + 2\cdot\Delta V$ に変化したときに気体のした仕事は，式 (9.8) の V に $V_A + \Delta V$ を代入しなければならない．つまり，気体の圧力が少しずつ体積の関数として変化してしまうのである．ΔV が有限の値では誤差が出る．ΔV を無限に小さい量，つまり微分と考えなくてはならない．このとき，体積が V_A から V_B に少しずつ変わるときの仕事の総量をどうやって求めるのだろう．図 9.2 のように，P を V の関数としてグラフに表して考えればすぐにわかる．V_A から V_B まで，式 (9.8) を積分するのである．

$$\int_A^B dW = \int_A^B P\,dV = \int_{V_A}^{V_B} \frac{nRT}{V} dV$$
$$= nRT \int_{V_A}^{V_B} \frac{1}{V} dV = nRT \left[\log V\right]_{V_A}^{V_B}$$
$$= nRT(\log V_B - \log V_A) = nRT \log \frac{V_B}{V_A} \tag{9.9}$$

熱力学第 1 法則からエネルギー収支を考えてみよう．まず，等温変化であることから，気体の内部エネルギー変化はゼロである．$\Delta U = 0$．式 (9.3) 参照．気体が外部にした仕事は式 (9.9) で与えられる．この符号を変えると，外界が系に与えた仕事になる．よって $W = -nRT \log \frac{V_B}{V_A}$ を得る．熱力学第 1 法則の式 (9.1) から，外界から系に与えるべき熱量として，$Q = -W = nRT \log \frac{V_B}{V_A}$ を得る．

この過程のイメージは次のようである．ピストンは温度 T の熱浴に浸けられ

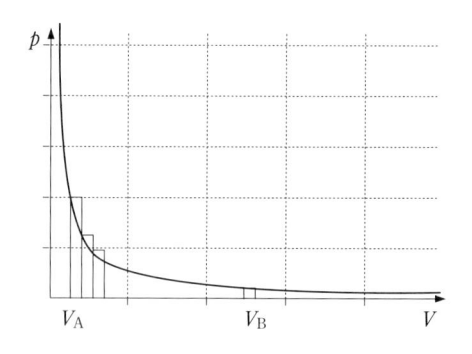

図 9.2　等温過程で気体のする仕事を求める

ている．また，ピストンを押している外界の圧力は，ピストンの気体の圧力とつねに同じになるように変化する．ここで熱浴の温度を温度 T よりごくわずか上げて，ごくわずかの熱量 ΔQ を気体の入っているシリンダーの中に入れてやる．この熱エネルギーはすべて気体が外界になす仕事のために使われる．その結果，気体の体積がごくわずか膨張する．このような過程を気体の体積が V_A から V_B になるまで繰り返す．この過程は逆回しできることに注意しよう．すなわち V_B から始めて，熱源の温度をわずかに下げて，ごくわずかの熱量 ΔQ を気体から取り去り，気体の体積をごくわずか収縮させる．この過程を体積が V_A になるまで繰り返す．逆回し可能な過程を**可逆過程**という．また，熱量や体積の変化量はいくらでも小さくできるから，この変化は平衡状態が連続的につながった変化とみなせる．これを**準静的変化**という．準静的変化は，実際上は無限に時間がかかってしまい実現不可能である．現実には，ピストンには摩擦があって，そのために発生した熱は空気中に逃げてしまってもとに戻せない．ゆえに，現実に起こる過程はすべて**不可逆過程**となる．実際には存在しない理想気体の，実際には実現不可能な準静的変化を考えて，その仕事を計算するのに何の意味があるのだろうか？　それは，理論的に取り扱いが可能な理想的モデルを使うことで，現実のエンジンの性能にどうしても越えられない理論的な限界があることが示されるからなのである．これについては第 10 章「熱機関の効率」で述べよう．

[例題 9.3]　等温変化の際に理想気体のする仕事

1 モルの理想気体が等温変化により膨張した．気体の温度は 300 K とし，体積は最初 $1\,\mathrm{m}^3$ で，最後に $2\,\mathrm{m}^3$ になったとする．また，この過程は準静的過程である．

(1) 最初と最後の気体の圧力を求めよ．
(2) この気体が外部にした仕事を求めよ．
(3) この気体の内部エネルギー変化を求めよ．
(4) この気体が吸収した熱量を求めよ．

〔解説〕
(1) 理想気体の状態方程式 $PV = nRT$ に値を代入する．

$$\text{最初の状態 } P = \frac{nRT}{V} = \frac{1\,[\mathrm{mol}] \times 8.31\,[\mathrm{J/mol \cdot K}] \times 300\,[\mathrm{K}]}{1\,[\mathrm{m}^3]}$$

$$= 2.49 \times 10^3\,[\mathrm{Pa}]$$

$$\text{最後の状態 } P = \frac{nRT}{V} = \frac{1\,[\mathrm{mol}] \times 8.31\,[\mathrm{J/mol \cdot K}] \times 300\,[\mathrm{K}]}{2\,[\mathrm{m}^3]}$$

$$= 1.25 \times 10^3\,[\mathrm{Pa}]$$

(2) 式 (9.9) に値を代入する．

$$-W = nRT \log \frac{V_\mathrm{B}}{V_\mathrm{A}} = 1 \times 8.31 \times 300 \times \log \frac{2}{1}$$

$$= 8.31 \times 300 \times 0.6931 = 1.73 \times 10^3\,[\mathrm{J}]$$

(3) 温度が一定であるから理想気体の内部エネルギーは変化しない．よってゼロ．

(4) 熱力学第 1 法則より $\Delta U = W + Q$ であるが，(3) より $\Delta U = 0$ である．したがって，$Q = -W = 1.73 \times 10^3\,[\mathrm{J}]$ である．

§4　理想気体の断熱変化

n モルの理想気体が外部にする仕事を，断熱変化の場合について求めよう．気体の体積は最初 V_A で，最後に V_B になったとする．ただし，外界の圧力はつねに気体の圧力に等しく，気体の体積変化は非常にゆっくりと起こるものと

する．

　まず，熱力学第 1 法則から出発しよう．断熱であるから熱の出入りがなく，$Q=0$ である．したがって，$\Delta U = W$ となる．外から仕事をされると，それが熱として出ていく分がゼロであるから，すべてが内部エネルギーの増加に寄与する．外からの仕事を収入，熱として出ていく分を消費，内部エネルギーの増加を貯蓄と考えるとわかりやすいであろう．逆に考えると，断熱変化の場合は，内部エネルギーを減少させることによって外に仕事をすることになる．つまり，外からのエネルギーの補給がないので $(Q=0)$，外に仕事をするためには内部エネルギーという貯金を取り崩さなくてはならない．理想気体の場合 $U = \frac{3}{2}nRT$ であるから，内部エネルギーの減少は，気体の温度の低下を意味する．断熱条件下で気体が膨張して外に仕事をする (これを **断熱膨張** という) と，膨張に伴って温度が連続的に低下していく．したがって，断熱変化では気体は $PV=$ 一定値　という等温線にはのらない．それでは，どのような PV 曲線にのるのだろうか．これは断熱条件を課したときの P と V の関係式である．そのために PV の微小変化の式

$$\Delta(PV) = (P+\Delta P)(V+\Delta V) - PV = V\Delta P + P\Delta V \tag{9.10}$$

から出発しよう．上の式の最後の等式では 2 次以上の微小量を無視した．つまり $\Delta P \Delta V = 0$ とみなした．$PV = nRT$ であるから式 (9.10) の左辺は，

$$\Delta(PV) = \Delta(nRT) = nR\Delta T \tag{9.11}$$

となる．また，

$$\Delta U = \frac{3}{2}nR\Delta T, \quad W = -P\Delta V \tag{9.12}$$

である．ここまでは理想気体に対して一般的に成り立つ．ここで熱の出入りがないという条件から $\Delta U = W$ となる．これと式 (9.12) から ΔT と ΔV の間に次の関係式が成り立たねばならない．

$$\Delta T = -\frac{2P}{3nR}\Delta V \tag{9.13}$$

この式を式 (9.11) に代入し式 (9.10) の左辺に用いると，

$$-\frac{2P}{3}\Delta V = V\Delta P + P\Delta V \tag{9.14}$$

となる．これを整理すると，

$$V\Delta P + \frac{5}{3}P\Delta V = 0 \tag{9.15}$$

を得る．両辺を PV で割って，$5/3$ を γ と書くと，

$$\frac{\Delta P}{P} + \gamma \frac{\Delta V}{V} = 0 \tag{9.16}$$

となる．これは微分方程式を変数分離した形になっている．積分することにより，

$$\log P + \gamma \log V = \text{const} \tag{9.17}$$

したがって，

$$PV^\gamma = \text{const} \tag{9.18}$$

を得る．これを PV のグラフにプロットして，等温変化の場合と比べてみよう．γ は1より大きいから，図9.3のように，断熱膨張のグラフは等温膨張のグラフの下にくる．もう少し具体的に考えてみよう．最初の圧力を P_1，体積を V_1 としよう．等温膨張して体積が2倍になったとすると，圧力はもちろん $P_1/2$ である．一方，断熱膨張して体積が2倍になったとしよう．このときの圧力を P_2 とすると，式(9.18)より $P_2(2V_1)^\gamma = P_1V_1^\gamma$ であるから $P_2 = P_1/2^\gamma$ となる．$2^\gamma > 2$，したがって $P_2 < P_1/2$ であるから断熱膨張のグラフは等温膨張のグラフの下にくる．同様の議論から，断熱圧縮のグラフは等温膨張のグ

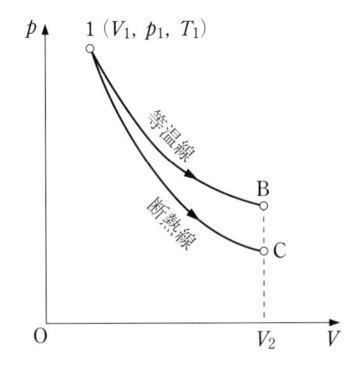

図 **9.3** 理想気体の等温膨張と断熱膨張の PV 図

ラフの上にくる．これは，断熱膨張のときに気体の温度が低下し，断熱圧縮のときに気体の温度が上昇することからも明らかである．

断熱膨張の場合，式 (9.18) を満たしながら外部に仕事をするわけである．最初の圧力を P_A，温度を T_A とおく．体積は V_A である．最後の圧力を P_B，温度を T_B とおく．体積は V_B である．断熱過程であるから PV^γ が一定に保たれる．

$$PV^\gamma = P_A V_A^\gamma = P_B V_B^\gamma = k_{AB} \tag{9.19}$$

定数として k_{AB} という記号を書いた．P が V の関数として与えられるので，積分により仕事を求める．

$$\int_A^B dW = \int_A^B P\,dV = \int_{V_A}^{V_B} \frac{k_{AB}}{V^\gamma}\,dV$$

$$= k_{AB} \left[\frac{V^{-\gamma+1}}{-\gamma+1}\right]_{V_A}^{V_B} = \frac{k_{AB}}{-\gamma+1}\left(\frac{1}{V_B^{\gamma-1}} - \frac{1}{V_A^{\gamma-1}}\right)$$

$$= \frac{k_{AB}}{\gamma-1}\left(\frac{1}{V_A^{\gamma-1}} - \frac{1}{V_B^{\gamma-1}}\right) \tag{9.20}$$

式 (9.19) を利用して k_{AB} を消去して圧力，体積だけで仕事を書くと，

$$\int_A^B dW = \int_A^B P\,dV = \frac{k_{AB}}{\gamma-1}\left(\frac{1}{V_A^{\gamma-1}} - \frac{1}{V_B^{\gamma-1}}\right)$$

$$= \frac{1}{\gamma-1}(P_A V_A - P_B V_B) = \frac{nR}{\gamma-1}(T_A - T_B) \tag{9.21}$$

となる．最後の等式では理想気体の状態方程式を用いた．$\gamma - 1 = \frac{5}{3} - 1 = \frac{2}{3} > 0$ であり，断熱膨張のとき温度が低下するから $T_A > T_B$ である．これから外部にする仕事が正であることがわかる．

例題 9.4　断熱変化の際に理想気体のする仕事

1 モルの理想気体が断熱変化により膨張した．気体の温度は最初 300 K とし，体積は最初 $1\,\mathrm{m}^3$ で，最後に $2\,\mathrm{m}^3$ になったとする．また，この過程は準静的過程である．

(1) 最初と最後の気体の圧力を求めよ．

(2) 最後の気体の温度を求めよ．
(3) この気体が外部にした仕事を求めよ．
(4) この気体の内部エネルギー変化を求めよ．

〔解説〕
(1) 最初の状態については，理想気体の状態方程式 $PV = nRT$ に値を代入する．

$$\text{最初の状態 } P = \frac{nRT}{V} = \frac{1\,[\text{mol}] \times 8.31\,[\text{J/mol} \cdot \text{K}] \times 300\,[\text{K}]}{1\,[\text{m}^3]}$$

$$= 2.49 \times 10^3\,[\text{Pa}]$$

最後の状態は，断熱曲線 $PV^\gamma = \text{const}$ によって最初の状態とつながっている．

$$PV^\gamma = P \times (2\,[\text{m}^3])^\gamma = (2490\,[\text{Pa}]) \times (1\,[\text{m}^3])^\gamma$$

これより，

$$\text{最後の状態 } P = (2490\,[\text{Pa}]) \times \left(\frac{1\,[\text{m}^3]}{2\,[\text{m}^3]}\right)^{5/3} = 784\,[\text{Pa}] \text{ となる．}$$

(2) 最後の状態の圧力が (1) で得られたので，状態方程式から温度がわかる．

$$T = \frac{PV}{nR} = \frac{784\,[\text{Pa}] \times 2\,[\text{m}^3]}{1\,[\text{mol}] \times 8.31\,[\text{J/mol} \cdot \text{K}]} = 189\,[\text{K}]$$

断熱膨張により温度は低下している．

(3) 式 (9.19) に，得られた温度変化を代入する．

$$-W = \int_A^B P\,dV = \frac{nR}{\gamma - 1}(T_A - T_B)$$

$$= \frac{1\,[\text{mol}] \times 8.31\,[\text{J/mol} \cdot \text{K}]}{0.667} \times (300 - 189)\,[\text{K}] = 1380\,[\text{J}]$$

(4) 熱力学第1法則より $\Delta U = W + Q$ であるが，この場合断熱変化であるから，$Q = 0$ である．したがって，$\Delta U = W = -1380\,[\text{J}]$ である．あるいは，理想気体1モルの内部エネルギーの表式 $U = \frac{3}{2}RT$（式 (9.3) 参照）を使って直接計算してもよい．

$$\Delta U = \frac{3}{2}R\Delta T = 1.5 \times 8.31 \times (189 - 300) = -1380\,[\text{J}]$$

両者の結果は，当然のことながら一致する．

章末問題

9.1 1モルの理想気体がある．その温度ははじめ 0 °C であったのが，100 °C に上昇した．このときの理想気体の内部エネルギーの変化は何ジュールか．

9.2 図 9.4 のように，同じ容積の断熱壁に囲まれた部屋がある．左側は 1 モルの理想気体が入っていて，右側は真空である．理想気体の圧力を P，温度を T とする．部屋の仕切りに穴が空き，理想気体が右側の部屋まで膨張した (**断熱自由膨張**)．

(1) 理想気体のした仕事を求めよ．
(2) 膨張した後の理想気体の温度を求めよ．
(3) 理想気体の内部エネルギーの変化を求めよ．

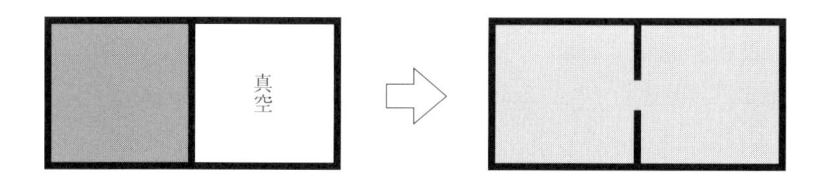

図 **9.4** 気体の断熱自由膨張

9.3 2モルの理想気体が等温変化により膨張した．気体の温度は 500 K とし，体積は最初 $3\,\mathrm{m}^3$ で，最後に $4\,\mathrm{m}^3$ になったとする．また，この過程は準静的過程である．

(1) 最初と最後の気体の圧力を求めよ．
(2) この気体が外部にした仕事を求めよ．
(3) この気体の内部エネルギー変化を求めよ．
(4) この気体が吸収した熱量を求めよ．

9.4 2モルの理想気体が変化により断熱膨張した．気体の温度は 500 K とし，体積は最初 $3\,\mathrm{m}^3$ で，最後に $4\,\mathrm{m}^3$ になったとする．また，この過程は準静的過程である．

(1) 最初と最後の気体の圧力を求めよ．

(2) 最後の気体の温度を求めよ．
(3) この気体が外部にした仕事を求めよ．
(4) この気体の内部エネルギー変化を求めよ．

第10章

熱機関の効率

§1 カルノーサイクル

前章で述べた等温変化と断熱変化を組み合わせて，シリンダーに入った理想気体に継続的に仕事を行わせる仕組み (**熱機関**という．エンジンのことである) をつくることができる．継続的という意味は，気体が仕事をして膨張した後，収縮して (体積ばかりでなく温度も) もとの状態に戻すということである．その意味でこのような熱機関の過程を**サイクル**と呼ぶ．フランスの技術者カルノーが考えたサイクル，カルノーサイクルを示す．その過程は，図 10.1 の PV 図を見れば明らかであろう．

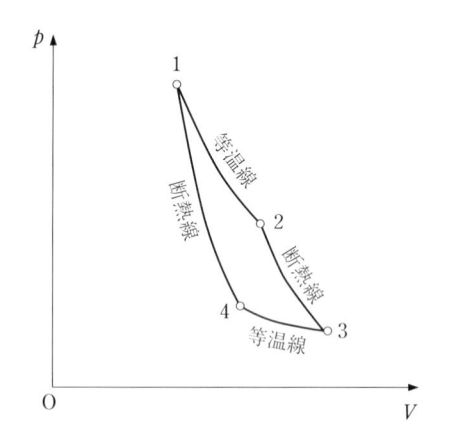

図 **10.1** カルノーサイクルの PV 図

まず，n モルの理想気体の入ったピストン付きシリンダーと温度 T_{high} の高温熱源，温度 T_{low} の低温熱源を用意する．理想気体の状態を (P,V,T) の組み合わせで表す．状態変数を 3 つ指定しているが，これらは状態方程式を満たす

ので，2つを決めれば残りの1つは定まることを注意しておく．次の4つの過程によりサイクルをつくる．

① はじめの状態は状態 $1\,(P_1, V_1, T_{\text{high}})$ である．温度 T_{high} の高温熱源にシリンダーを接触させて，理想気体の温度を T_{high} に保ちながら **等温膨張** させ，状態 $2\,(P_2, V_2, T_{\text{high}})$ にする．

② 次にシリンダーを断熱材で囲み，気体の温度が低温熱源の温度 T_{low} になるまで **断熱膨張** させる．状態は状態 $3\,(P_3, V_3, T_{\text{low}})$ になる．

③ 断熱材を外し，シリンダーを温度 T_{low} の低温熱源に接触させ，理想気体の温度を T_{low} に保ちながら **等温圧縮** して，状態 $4\,(P_4, V_4, T_{\text{low}})$ にする．

④ シリンダーを断熱材で囲み，気体の温度が高温熱源の温度 T_{high} になるまで **断熱圧縮** させる．状態は，はじめの状態 $1\,(P_1, V_1, T_{\text{high}})$ になる．

これで1サイクルが完結する．これら4つの過程の説明図を図 10.2 に示した．サイクルで気体が外にする仕事 W と吸収する熱量 Q を求めよう．① は等

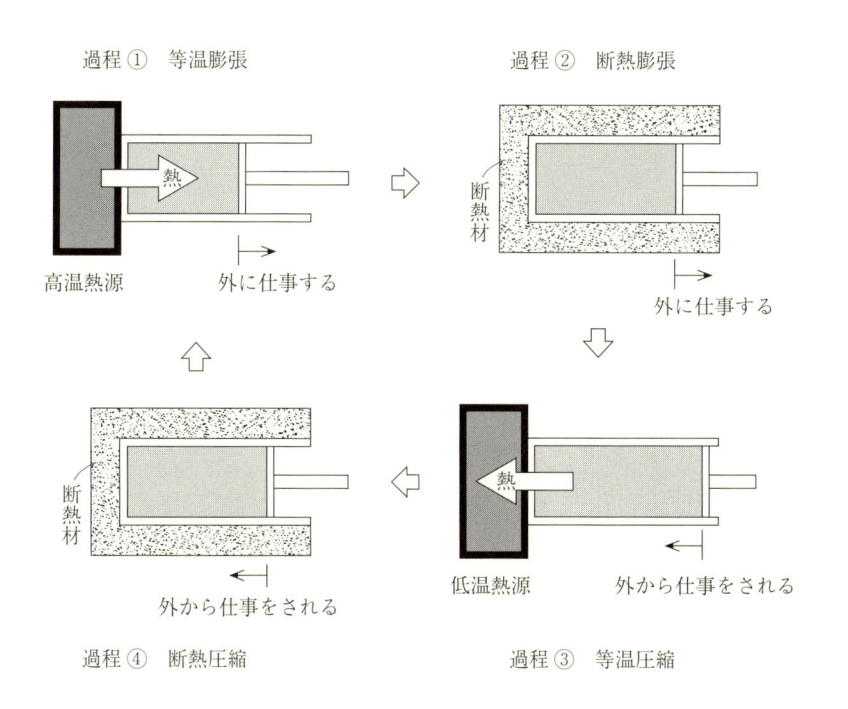

図 10.2 カルノーサイクルを構成する4つの過程

温変化である．したがって内部エネルギーは変化しない．$\Delta U = 0$. 気体は外界に仕事 $W_{1 \to 2}$ をする．式 (9.7) により $W_{1 \to 2} = nRT_{\text{high}} \log \dfrac{V_2}{V_1}$ である．熱力学の第 1 法則 $\Delta U = Q - W_{1 \to 2}$ と $\Delta U = 0$ であることから，気体は外界にした仕事と等量の熱量を熱源から吸収している．$Q_{\text{in}} = W_{1 \to 2}$.

② は断熱変化である．したがって，系に流入する熱量はゼロである．気体は外界に仕事 $W_{2 \to 3}$ をする．式 (9.19) により．

$$W_{2 \to 3} = \frac{1}{\gamma - 1}(P_2 V_2 - P_3 V_3) = \frac{nR}{\gamma - 1}(T_{\text{high}} - T_{\text{low}})$$

③ は等温変化である．気体は外界から仕事 $W_{3 \to 4}$ をされる．式 (9.7) により $W_{3 \to 4} = nRT_{\text{low}} \log \dfrac{V_3}{V_4}$．これと等量の熱量 Q_{out} を低温熱源へ放出している．$Q_{\text{out}} = W_{3 \to 4}$.

④ は断熱変化である．したがって，系に流入する熱量はゼロである．気体は外界から仕事 $W_{4 \to 1}$ をされる．式 (9.19) により $W_{4 \to 1} = \dfrac{nR}{\gamma - 1}(T_{\text{high}} - T_{\text{low}})$.

1 サイクル終了後の収支は以下のようである．

- 外部にした正味の仕事

$$\begin{aligned}
W &= W_{1 \to 2} + W_{2 \to 3} - W_{3 \to 4} - W_{4 \to 1} \\
&= nRT_{\text{high}} \log \frac{V_2}{V_1} + \frac{nR}{\gamma - 1}(T_{\text{high}} - T_{\text{low}}) \\
&\quad - nRT_{\text{low}} \log \frac{V_3}{V_4} - \frac{nR}{\gamma - 1}(T_{\text{high}} - T_{\text{low}}) \\
&= W_{1 \to 2} - W_{3 \to 4} \\
&= nRT_{\text{high}} \log \frac{V_2}{V_1} - nRT_{\text{low}} \log \frac{V_3}{V_4}
\end{aligned}$$

- 外部から受け取った熱の総量

$$Q = Q_{\text{in}} - Q_{\text{out}} = W_{1 \to 2} - W_{3 \to 4} = W \tag{10.1}$$

V_1, V_2, V_3, V_4 は

等温条件より，$P_1 V_1 = P_2 V_2 \, (= nRT_{\text{high}})$, $P_3 V_3 = P_4 V_4 \, (= nRT_{\text{low}})$

断熱条件，式 (9.16) より，$P_2 V_2^{\gamma} = P_3 V_3^{\gamma}$, $P_4 V_4^{\gamma} = P_1 V_1^{\gamma}$

を満たしている．

等温条件から $\dfrac{V_2}{V_1} = \dfrac{P_1}{P_2}$, $\dfrac{V_3}{V_4} = \dfrac{P_4}{P_3}$ が得られ，これを断熱条件から得られる $\dfrac{P_2 V_2^\gamma}{P_1 V_1^\gamma} = \dfrac{P_3 V_3^\gamma}{P_4 V_4^\gamma}$ に代入して，$\left(\dfrac{V_2}{V_1}\right)^{\gamma-1} = \left(\dfrac{V_3}{V_4}\right)^{\gamma-1}$ となる．したがって，$\dfrac{V_2}{V_1} = \dfrac{V_3}{V_4}$ を得る．

これによって気体が外部にした仕事が，

$$W = nRT_{\text{high}} \log \frac{V_2}{V_1} - nRT_{\text{low}} \log \frac{V_3}{V_4}$$

$$= nR(T_{\text{high}} - T_{\text{low}}) \log \frac{V_2}{V_1} \tag{10.2}$$

となる．

§2 効率

系に与えた熱量 Q_{in} からどれだけの仕事 W が取り出せるのかがエンジンの性能を表す重要な指標である．この比率

$$\eta = \frac{W}{Q_{\text{in}}} \tag{10.3}$$

を**効率**という．式 (10.1), (10.2) を用いて，

$$\frac{Q_{\text{out}}}{Q_{\text{in}}} = \frac{W_{3\to 4}}{W_{1\to 2}} = \frac{nRT_{\text{low}} \log V_3/V_4}{nRT_{\text{high}} \log V_2/V_1} = \frac{T_{\text{low}}}{T_{\text{high}}} \tag{10.4}$$

を得るから，効率を熱源の温度の比として表すことができる．

$$\eta = \frac{W}{Q_{\text{in}}} = \frac{Q_{\text{in}} - Q_{\text{out}}}{Q_{\text{in}}} = 1 - \frac{Q_{\text{out}}}{Q_{\text{in}}} = 1 - \frac{T_{\text{low}}}{T_{\text{high}}}$$

$$= \frac{T_{\text{high}} - T_{\text{low}}}{T_{\text{high}}} \tag{10.5}$$

式 (10.5) から，カルノーサイクルの効率が決して 1 にならないことがわかる．低温熱源に放出する熱 Q_{out} をゼロにはできないからである (状態をもとに戻せなくなる)．あるいは，絶対零度の低温熱源を準備することはできないと考えてもよい．

カルノーサイクルは可逆過程だけで構成されている，**可逆サイクル**である．したがって，ピストンの摩擦などの無駄がなく，最高性能を発揮するはずである．にもかかわらず，100%の効率で運転することはできない．つまり繰り返

し運転するサイクルでは，投入した熱量を100%仕事として取り出すことができないのである(上の議論でわかるように，1回限りで気体の状態をもとに戻さなくてよいのなら可能である．しかし，そんなものは実際の役に立たない)．この冷徹な事実は，第11章「熱力学第2法則」と関連している．

[例題 10.1] カルノーサイクルの効率

高温熱源 300 °C，低温熱源 0 °C を用いて運転されるカルノーサイクルの効率を求めよ．

〔解 説〕 式 (10.5) に $T_{\text{high}} = 573\,\text{K}$, $T_{\text{low}} = 273\,\text{K}$ を代入する．答として
$$\eta = \frac{T_{\text{high}} - T_{\text{low}}}{T_{\text{high}}} = \frac{573 - 273}{573} = 0.524$$
を得る．

章 末 問 題

10.1 カルノーサイクルの4つの各過程(等温膨張，断熱膨張，等温圧縮，断熱圧縮)において，気体の内部エネルギーの変化を求め，1サイクル後の内部エネルギーの変化がゼロであることを示せ．

10.2 高温熱源 500 °C，低温熱源 0 °C を用いて運転されるカルノーサイクルの効率を求めよ．

⚠ **One Point**：エントロピーという新しい状態量

式 (10.4) を変形すると
$$\frac{Q_{\text{in}}}{T_{\text{high}}} = \frac{Q_{\text{out}}}{T_{\text{low}}} \tag{10.6}$$
となることがわかる．カルノーサイクルの見方を変えて，$(P_1, V_1, T_{\text{high}})$ を出発点として $(P_3, V_3, T_{\text{low}})$ に達するのに，① → ② の経路と (④ の逆過程)→(③ の逆過程) の経路という，2つの経路を使ったとする．式 (10.6) は，その際に，系に流入する熱量をその系に接する熱源の温度で割った量が，2つの経路 (ともに可逆過程であることに注意) で同じになることをいっている．経路によらず状態だけで決まってしまう状態量の存在を意味している．これが**エントロピー**という状態量 S である．ある状態1からそ

れに非常に近い状態 2 へ系が変化する際のエントロピー変化 $\Delta S_{1\to 2}$ は

$$\Delta S_{1\to 2} = \frac{\Delta Q_\mathrm{in}}{T} \tag{10.7}$$

で求められる．ただし，ΔQ_in は系に流入した熱量で，T は系と熱的接触をしている外界の温度である．ΔQ_in は無限小量であるから，状態 1 と状態 2 は非常に近く，温度はそれらの状態で近似的に同じ値と考えている．系に流入した熱量 ΔQ_in は過程に依存して変わるので状態量ではないが，式 (10.7) によりエントロピーという状態量が生じることに注意しよう．状態 1 と状態 2 が離れている場合にはその間を**可逆過程** (**準静過程**) でつないで，式 (10.7) を積分すればよい．準静過程であるから T は系の温度と等しくなることに注意する．

式 (10.6) の右辺を左辺に移項して

$$\frac{Q_\mathrm{in}}{T_\mathrm{high}} - \frac{Q_\mathrm{out}}{T_\mathrm{low}} = 0 \tag{10.8}$$

と見る．これは，① → ② → ③ → ④ → ① の 1 サイクルでのエントロピー変化がゼロであることをいっている．これはサイクルが可逆だから成り立つ．ピストンの摩擦など，どこかにロスがある不可逆サイクルでは，1 サイクルのエントロピー変化が正であることが示される．これは実際のエンジン (これは当然，不可逆サイクル) の効率が，カルノーサイクル (可逆サイクル) の効率を下回ることから出てくる．エントロピーに関しては第 11 章「熱力学第 2 法則」を参照．

第 11 章

熱力学第 2 法則

§1 不可逆現象

ガラスのコップを床に落として，コップが粉々に壊れてしまった．そのようなとき，「これがもとに戻ってくれたら」と思わない人はいないだろう．しかし，そのようなことは決して起こらないことも，経験によって私たちは学んでおり，粉々に壊れてしまったコップは壊れたまま，燃えないごみとして捨てられる運命にある．しかし，これは力学の法則だけを考えると奇妙なことである．壊れたコップの 1 つ 1 つの破片はニュートンの運動方程式に従って運動している．そして，ニュートンの運動方程式は，時間を逆回しにしても成り立つのである．したがって，壊れたコップの 1 つ 1 つの破片が運動して，もとのコップの形に戻ることがあってもよいではないか．

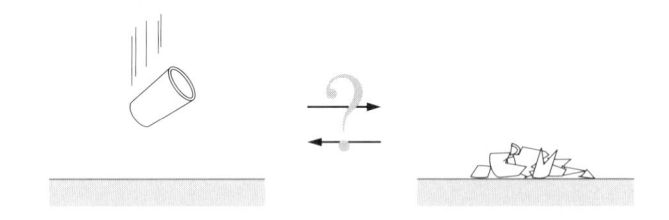

図 11.1 床に落として壊れたコップは，もとに戻るのか？

もう 1 つの例を考えてみよう．摩擦のある床の上を，物体が等速直線運動を始めたとしよう．この物体は，やがて止まってしまう．物体がはじめにもっていた運動エネルギーはどこにいったのだろう．それは，摩擦熱 (摩擦によって生じた熱エネルギー) となって，床を構成する原子の運動を激しくさせたのである．それでは逆に，次のようなことは可能だろうか．床を温めて，床を構成

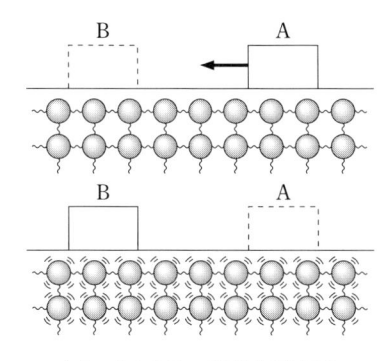

(a) AからBへ移動すると床の温度はあがる

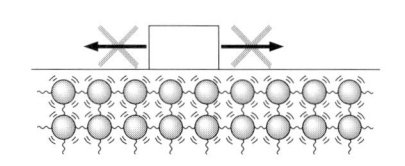

(b) 温度の高い床の上に物体を置いた場合，物体は動きだすだろうか？

図 11.2　床の上の物体はひとりでに動き出すか？

する原子の運動を激しくさせる．その上に物体をはじめに静止させておく．床を構成する原子のもつ熱エネルギーが，上に置いた物体に移されて，物体が動き出すだろうか．答はもちろん，そんなことは起こらない．しかし，起こらない理由は，ニュートンの運動方程式からは説明がつかない．このことを説明する鍵は，床を構成する原子の運動の仕方が一定でなく，乱雑だということである．同じエネルギー量でも，一定方向に1つの物体が運動する場合と，たくさんの原子が乱雑に運動する場合とでは，そこから取り出せる仕事量が違っているようだ．等速直線運動をする物体から，床を構成するたくさんの原子にエネルギーが移行したとき，何かが変化したのである．運動の複雑さが変化した，とでもいおうか．第1の壊れたコップの例と考え合わせると，世の中の現象は，運動の複雑さ・乱雑さが大きくなる方向には起きるが，逆は起きないようである．

　以上の2つの例からわかるように，自然現象にはもとには戻らない現象，**不可逆過程**があることがわかる．ある状態Aから別の状態Bへの変化は起こるが，BからAへの変化は起こらない．この変化の方向や，この変化に伴って乱雑さ，複雑さがどれだけ変化するかを定量的に評価したいと思うのは自然なことであろう．それを可能にするのが，これから学ぶ**熱力学第2法則**である．

§2　熱力学第2法則

まず，自然現象にはもとには戻らない現象，不可逆過程があることは，当然のこととして受け入れよう．このことを自明のこととして，数学でいう公理として正しいことを証明なしで受け入れる．この法則を**熱力学第2法則**と呼ぶが，それは次のように表現できるであろう．

> 「熱は高温部から低温部に伝わるが，その逆に低温部から高温部に伝わることはない」(**クラウジウスの原理**)

たとえば，「お湯の中に氷を入れると，氷が溶ける」ことは実現可能であるが，「お湯の中に氷を入れておくと，氷がさらに大きく成長する」ことは決して起きないことをいっている．

また，次のようにいうこともできる．

> 「温度の一様な1つの物体から奪った熱を全部仕事に変え，それ以外に何の変化も残さないことは不可能である」(**トムソンの原理**)

これは，どこかに熱源があれば，それを利用して永久に仕事をすることのできる機関，すなわち**第2種の永久機関**は存在しないことをいっている．クラウジウスの原理とトムソンの原理は等価であることが証明できる．したがって，熱力学第2法則の表現としては，そのどちらを採用してもよい．

§3　エントロピー

エントロピーとは，考えている系の乱雑さの度合を定量的に表す量である．不可逆現象は，乱雑さの度合の増す方向にしか起こらない．このことを自明の理として表したものが熱力学第2法則であった．したがって，エントロピーを定義することによって，エントロピーの増減で熱力学第2法則を表現することができそうである．系の乱雑さが増せば，エントロピーも増加するように決めよう．すると，熱力学の第2法則は，「(外界に何の変化も残さず)系のエントロピーが減少するような変化は不可能である」ということができる．

エントロピーの定義は次のようである．考えている系に熱を与える熱源の温度を T，系に流入した熱エネルギーを ΔQ とすると，エントロピーの増加 ΔS

は，
$$\Delta S = \frac{\Delta Q}{T}$$
である．以後，系の温度と熱源の温度が等しい場合を考える (可逆過程)．温度 T は絶対温度であるから正である．したがって，系に熱が入ってくれば ($\Delta Q > 0$) エントロピーは増加し，系から熱が出ていけばエントロピーは減少することがわかる．また，同じ熱量が入ってきても，系の温度が低温のときの方が，高温のときよりもエントロピーの増分は大きい．このことは，物理のたとえとしてはよくないけれども，次のような話からよく理解できる．教室の中でみんなが整然と座って授業を受けている．これは乱雑さの小さい，秩序だった，低温の状態である．そこに突然，阿波踊りの集団 (系に対する撹乱要因である正の熱量) が入ってきた．当然，教室は大混乱に陥るだろう．エントロピーは大いに増大する．ところが，ディスコの中で，みんなが踊り狂っているとしよう．これは乱雑さの大きい，高温の状態である．そこに先ほどと同じ (つまり同じ熱量をもつ) 阿波踊りの集団が入ってきたとする．今度は，もともとの集団がすでに乱雑さの大きい状態にあったので，混乱はさほど生じないだろう．すなわち，エントロピーは増大はするが，先ほどの低温の場合と比べたら，大した増し高ではない．

例題 11.1　熱力学第 2 法則とエントロピー増大

　高温の部屋 (温度 T_{high}) と低温の部屋 (温度 T_{low}) が，熱を通さない壁で仕切られているとする．次に，仕切りの壁の材質を変えて，ほんの少し熱の流れが起きるようにする．高温部から低温部に流れる熱量を ΔQ とする．ただ

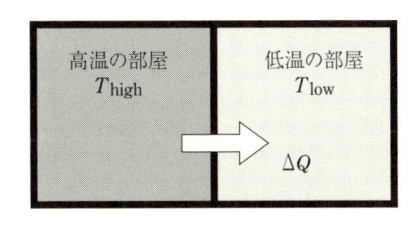

図 11.3　高温の部屋から低温の部屋への熱の移動．エントロピーはどれだけ増えたか？

し，ΔQ の正負は，$\Delta Q > 0$ のとき高温の部屋から低温の部屋に熱量が流れ，$\Delta Q < 0$ のとき低温の部屋から高温の部屋に熱量が流れると定義する．このときのエントロピーの変化を求めよ．

〔解説〕 移動する熱量 $\Delta Q > 0$ はごく少量であるから，高温の部屋，低温の部屋ともに熱の移動前後で温度は変わらないとしてよい．つまり，高温の部屋，低温の部屋はそれぞれ高温熱源，低温熱源とみなせる．この問題の現象は高温熱源から低温熱源に熱が移動する不可逆現象である．したがって，エントロピーを計算するためには，この変化と同等の可逆変化を設定しなければならない．まず，高温の部屋と低温の部屋の仕切りは断熱壁で分ける．ピストン付きのシリンダー内に理想気体を入れ，この系を高温の部屋および低温の部屋と熱的に接触可能なものとする．この理想気体の系を使って熱量 ΔQ を高温の部屋から低温の部屋へ可逆的に移せばよい．その可逆変化は次のようである．

① 温度 T_{high} の理想気体系を高温の部屋に熱的接触し，熱量 ΔQ を高温の部屋から移しつつ等温膨張させる．
② 理想気体を断熱膨張させ温度を T_{low} にする．
③ 温度を T_{low} にした理想気体系を低温の部屋に熱的接触させ，熱量 ΔQ を理想気体から低温の部屋へ移しつつ等温圧縮させる．

これら3つの過程を図 11.4 に示した．

過程①において，高温の部屋のエントロピー変化は

$$\text{高温の部屋のエントロピー変化} = \frac{-\Delta Q}{T_{\text{high}}}$$

である．過程③において，低温の部屋のエントロピー変化は

$$\text{低温の部屋のエントロピー変化} = \frac{\Delta Q}{T_{\text{low}}}$$

したがって，(高温の部屋＋低温の部屋) の全体を1つの系と考えたときに，上の2つの量を足し合わせて，

$$\text{全体の系でのエントロピー変化} = \Delta Q \left(\frac{1}{T_{\text{low}}} - \frac{1}{T_{\text{high}}} \right)$$

となる．$T_{\text{low}} < T_{\text{high}}$ であるから，系全体としてのエントロピーの変化が正であることがわかるだろう．したがって，熱力学第2法則の「熱は高温部から低温部に伝わるが，その逆に低温部から高温部に伝わることはない」(クラウジウ

§3 エントロピー　111

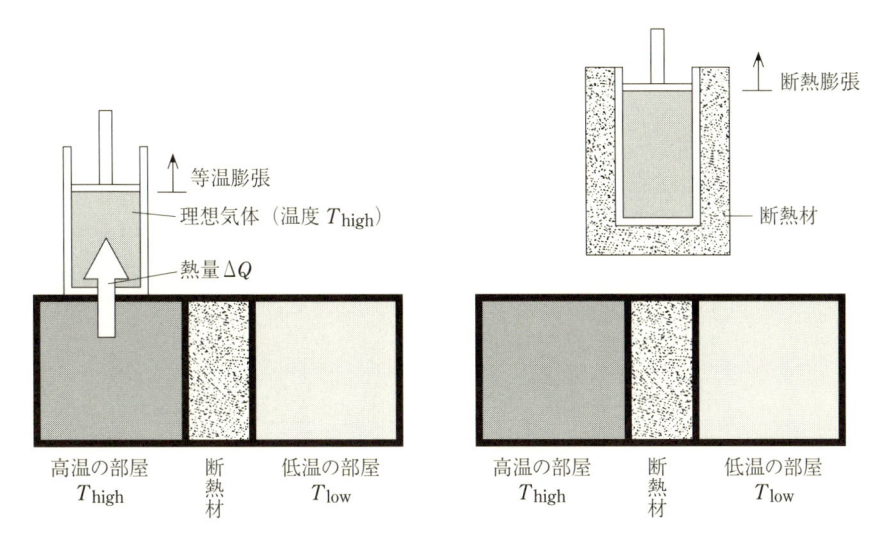

過程①　温度 T_{high} 理想気体を等温膨張させることによって，高温の部屋から理想気体に熱量 Q を移す．

過程②　理想気体を断熱膨張させ，温度 T_{high} から T_{low} に低下させる．

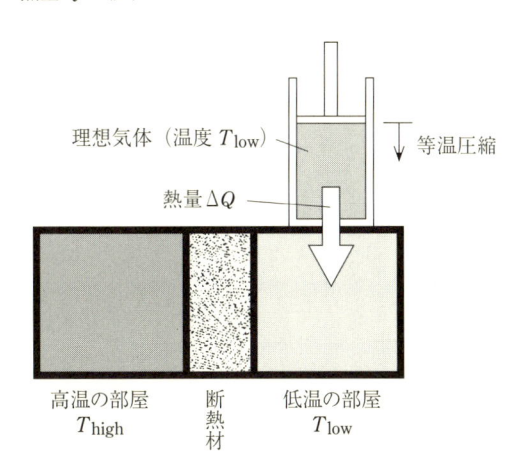

過程③　温度 T_{low} の理想気体を等温圧縮させることにより，理想気体から低温の部屋へ熱量 ΔQ を移す．

図 11.4　高温の部屋から低温の部屋への熱の移動現象を，3つの可逆過程でおきかえる．

スの原理) という宣言と,「(外界に何の変化も残さず) 系のエントロピーが減少するような変化は不可能である」という宣言は, 等価であることがわかるだろう. ここで, 高温の部屋だけを考えると, エントロピー変化は負になっていておかしいと考える人もいるかもしれないが, それは (外界に何の変化も残さず) という条件を満たしていないので, この部分のエントロピー変化が負になっていてもいっこうに差し支えない. ところが, (高温の部屋＋低温の部屋) の全体を1つの系と考えたときは, その外界と何のやりとりもないから (外界に何の変化も残さず), したがって, 全体の系でのエントロピー変化が負になっては熱力学第2法則と矛盾してしまうのである (ΔQ が負の量だとして考えてみよ).

私たちが有効利用できるエネルギーは, エントロピーの低いエネルギーである. しかし, いま見てきたように, 自然現象はエントロピーの増大する方向に起こる. したがって, エントロピーの低い, 質の高いエネルギー (たとえば石油) を, なるべくエントロピーを増加させないように有効利用することを考えることが, これからますます必要になってくるだろう.

章末問題

11.1 例題11.1で考えた, 高温の部屋と低温の部屋で, 正の熱量 ΔQ が低温の部屋から高温の部屋に流れたとしよう. 高温の部屋, 低温の部屋それぞれのエントロピーの変化量, 高温の部屋と低温の部屋全体のエントロピーの変化量を求めよ.

11.2 n モルの理想気体が断熱自由膨張し, 体積が V_A から V_B に増大した. このときのエントロピー変化を求めよ. (ヒント：断熱だから系に流入する熱量はゼロ, よってエントロピー変化はゼロ, とするのは誤りである. この過程は不可逆である. 頭の中で体積が V_A から V_B に増大する等温膨張を考えよ. この過程は可逆である.)

第12章

気体分子運動論

　第8章から第11章まで，**熱力学**といわれる，巨視的な系に対する熱現象を扱う方法を勉強してきた．そこでは，内部エネルギー，エントロピーなど，抽象的でわかりにくい概念が出てきた．しかし，説明の中で，内部エネルギーや温度が，系を構成する原子や分子の個々のエネルギーを足し合わせて平均化した状態変数，状態量であることを知って，理解できたように感じた人も多いと思う．このように，熱力学に従うような巨視的な系をミクロな原子や分子の集団とみなし，その個々の原子や分子の振る舞いの統計をとることによって，巨視的な系の性質を調べるというやり方がある．この理論的方法を**統計力学**という．

§1　理想気体の剛体球モデル

　統計力学の立場に立てば，理想気体は，古典力学に従う剛体球の集合体とみなせる．個々の剛体球が，容器の壁に完全弾性衝突することによって壁が力を受ける．その力の平均値を壁の面積で割ったものが圧力を与える．この圧力を計算してみよう．

　図12.1のように，質量 m の剛体球が一辺の長さ l の立方体の容器に閉じ込

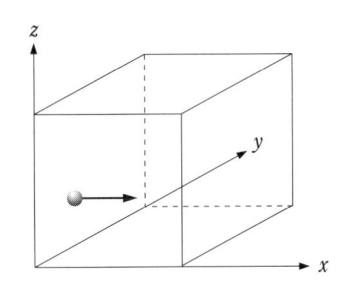

図12.1　立方体の容器に閉じ込められた剛体球

められている．この剛体球が速度 v_x で x の正方向へ移動しているとすると，右側の壁に衝突して跳ね返される．この衝突は完全弾性衝突とする (そうでないと，剛体球は遅かれ早かれ静止してしまい，圧力に寄与しなくなる)．つまり，衝突後は $-v_x$ の速度で壁から遠ざかる．衝突が Δt の間に起こったとし，そのとき壁に F の力を及ぼしたとする．作用反作用の法則から，剛体球は $-F$ の力を壁から受けて，速度を反転させたわけである．ニュートンの運動方程式から，

$$-F\Delta t = -mv_x - mv_x \tag{12.1}$$

が得られる．この「運動量の変化は力積に等しい」ことは力学でも学習している (p.22)．右辺は運動量の変化であり，(左辺は 粒子に働く力)×(力の作用した時間) であり，**力積** と呼ばれる．次に，このような衝突が 1 秒間に起こる回数を求める．右側の壁に衝突してから再び衝突するまでに剛体球は $2l$ の距離を v_x の速さで移動するから，1 回の衝突に要する時間は $\dfrac{2l}{v_x}$ である．この逆数が，衝突が 1 秒間に起こる回数である．このような剛体球が N 個あるとして，1 秒間に生じる運動量変化の全量は，

$$2mv_x \frac{v_x}{2l} N = \frac{Nmv_x^2}{l} \tag{12.2}$$

となる．これが (1 秒間に壁の受ける平均の力) × (1 秒) = $\overline{F}$ に等しいとおけるから，壁の受ける圧力 P は

$$P = \frac{\overline{F}}{S} = \frac{Nm\overline{v_x^2}}{l} \div l^2 = \frac{Nm\overline{v_x^2}}{l^3} = \frac{Nm\overline{v_x^2}}{V} \tag{12.3}$$

である．ただし，S は壁の面積であり，V は容器の体積である．$\overline{v_x^2}$ の上付きのバーは，N 個の粒子の x 方向速度の **2 乗の平均値** を意味する．粒子の運動は 3 次元であるが，等方性から

$$\overline{v_x^2} = \overline{v_y^2} = \overline{v_z^2} = \frac{1}{3}\overline{v^2} \tag{12.4}$$

が出る．$\overline{v^2}$ は粒子の速さの 2 乗平均値である．式 (12.4) を式 (12.3) に代入して

$$PV = Nm\frac{1}{3}\overline{v^2} = \frac{2N}{3}\frac{1}{2}m\overline{v^2} \tag{12.5}$$

を得る．N_A をアボガドロ数とするとき，上の式は $\dfrac{N}{N_A}$ モルの理想気体の状態方程式に一致しなくてはならないから，式 (12.5) の右辺は $\dfrac{N}{N_A}RT$ に等しいとおける．したがって，

$$\frac{1}{2}m\overline{v^2} = \frac{3}{2}\frac{R}{N_A}T = \frac{3}{2}k_B T \tag{12.6}$$

となる．この式の左辺は系の 1 原子あたりの平均運動エネルギーであり，k_B はボルツマン定数である．定数の 3 は 1 原子の運動の自由度が x, y, z 方向の 3 であることを意味する．

式 (12.6) の左辺を

$$\frac{1}{2}m\overline{v^2} = \frac{\sum_{i=1}^{N}\frac{1}{2}mv_i^2}{N} \tag{12.7}$$

と書き直すと，系の全運動エネルギーと温度との関係式が

$$\sum_{i=1}^{N}\frac{1}{2}mv_i^2 = 3N\frac{1}{2}k_B T \tag{12.8}$$

となる．運動の自由度を一般化して f で表すことにすれば，$3N$ を f に置き換えればよい．全運動エネルギーは時間的に変動するので時間平均をとることになる．式 (12.8) は第 8 章ですでに紹介した式 (8.1) そのものであり，系の温度という巨視的な状態変数が，ミクロな物理量 (ここでは系の全運動エネルギー) の平均値として得られることを示している．

§2 エネルギー等分配の法則

前節で導いた，系の温度と運動エネルギーの総和との関係式，

$$\sum_{i=1}^{N}\frac{1}{2}mv_i^2 = 3N\frac{1}{2}k_B T \tag{12.9}$$

に着目しよう．$\dfrac{1}{2}k_B T$ がエネルギーと同じ次元であり，$3N$ が運動の全自由度を表すことから，上の式は熱エネルギーのもっている $\dfrac{1}{2}k_B T$ のエネルギーが，

系を構成する個々の分子の運動の自由度に公平に割り当てられていると解釈することができる．これを **エネルギー等分配の法則** という．

[例題 12.1] **2 原子分子の運動の自由度**

2 原子分子 (剛体とする) からなる理想気体 1 モルの内部エネルギーを求めよ．

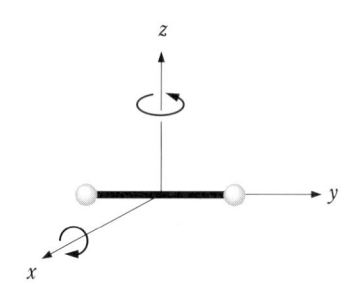

図 **12.2** 2 原子分子のモデル．矢印は運動の自由度に寄与する回転の運動を示している．

〔解説〕 理想気体であるから内部エネルギーは運動エネルギーの総和である．よって，$\frac{1}{2}k_{\mathrm{B}}T \times$ (運動の全自由度) が内部エネルギーである．運動の自由度は，1 分子について x, y, z 方向の並進運動 (3 つ) のほかに，回転の自由度が 2 つある (x 軸まわりと z 軸まわり．y 軸まわりは原子が大きさをもたないため運動のエネルギーに寄与しないのでゼロ．図 12.2 参照)．よって，運動の全自由度は $5N_{\mathrm{A}}$ になる．ただし，N_{A} はアボガドロ数である．結局，内部エネルギーは

$$U = \frac{1}{2}k_{\mathrm{B}}T \cdot 5N_{\mathrm{A}} = \frac{5}{2}RT$$

となる．

§3 マクスウェル分布

エネルギー等分配の法則は，系の温度 T から系を構成する分子の運動エネルギーの平均値が得られることを示している．決して個々の分子の速度が得られるわけではない．個々の分子の速度は一定ではない．しかし，温度 T から得ら

れる平均値のまわりに，ある分布をもっているものと期待される．この分布を導いてみよう．

まず，次の事実から出発する．ある系が温度 T において，エネルギー ε の状態をとる確率は，

$$\exp\left(-\frac{\varepsilon}{k_\mathrm{B}T}\right) \tag{12.10}$$

に比例する．式 (12.10) を **ボルツマン因子** という．実験は一定温度で行われることが多いから，この式はたいへん有用である．これから，温度 T の理想気体原子の x 方向の速度が v_x をとる確率が

$$\exp\left(-\frac{\frac{1}{2}mv_x^2}{k_\mathrm{B}T}\right) \tag{12.11}$$

に比例することになる．ここで，理想気体原子は相互作用がないため x, y, z 方向の運動も 1 個 1 個独立であるから，これは **独立事象** であることに注意しよう．すなわち，x 方向，y 方向，z 方向の運動が互いに影響を与えることはなく，速度が (v_x, v_y, v_z) をとる確率は

$$\exp\left(-m\frac{v_x^2}{2k_\mathrm{B}T}\right) \cdot \exp\left(-m\frac{v_y^2}{2k_\mathrm{B}T}\right) \cdot \exp\left(-m\frac{v_z^2}{2k_\mathrm{B}T}\right) \tag{12.12}$$

に比例する．それぞれの速度成分が $-\infty$ から ∞ までの値をとる確率は 1 である．これが満たされるように比例定数を決める．これを **規格化** という．公式

$$\int_{-\infty}^{\infty} \exp(-\alpha x^2)\,\mathrm{d}x = \sqrt{\frac{\pi}{\alpha}} \tag{12.13}$$

に $\alpha = \dfrac{m}{2k_\mathrm{B}T}$ を代入すると，各成分について $\sqrt{\dfrac{2\pi k_\mathrm{B}T}{m}}$ が規格化のための定数であることがわかる．式 (12.12) にこれらの定数と全粒子数 n をかければ，速度が (v_x, v_y, v_z) から $(v_x + \mathrm{d}v_x,\ v_y + \mathrm{d}v_y,\ v_z + \mathrm{d}v_z)$ の範囲にある分子の数を表す関数として

$$f(v_x, v_y, v_z)\,\mathrm{d}v_x\,\mathrm{d}v_y\,\mathrm{d}v_z$$

$$= n\left(\frac{m}{2\pi k_{\rm B}T}\right)^{3/2} \exp\left(-m\frac{v_x^2+v_y^2+v_z^2}{2k_{\rm B}T}\right) {\rm d}v_x\,{\rm d}v_y\,{\rm d}v_z$$
(12.14)

を得る．$f(v_x, v_y, v_z)$ を **マクスウェルの速度分布関数** という．この速度分布は，各成分ごとにゼロを中心としたつり鐘形をしていて，ガウス分布と呼ばれる．この型の分布関数は，物理過程がランダムであることから出てくる．また，${\rm d}v_x, {\rm d}v_y, {\rm d}v_z$ はきわめて微小な量すなわち微分である．速度の大きさ，すなわち速さ v の分布を上式の **積分変数を変換する** だけで導き出せる．$v^2 = v_x^2 + v_y^2 + v_z^2$ であることからマクスウェルの速度分布関数は v^2 のみの関数であり，速度の方向によらないことがわかる．したがって (v_x, v_y, v_z) の速度空間で半径 v の球と半径 $v+{\rm d}v$ の球とに挟まれた球殻の中にある粒子の数 $\varphi(v)\,{\rm d}v$ として

$$\varphi(v)\,{\rm d}v = 4\pi n v^2 \left(\frac{m}{2\pi k_{\rm B}T}\right)^{3/2} \exp\left(-m\frac{v^2}{2k_{\rm B}T}\right){\rm d}v \quad (12.15)$$

が得られる．$4\pi v^2$ は半径 v の球の表面積である．これは分布に方向依存性がないことから出てくる．$\varphi(v)$ を **マクスウェルの速さの分布関数** という．このグラフを図 12.3 に示す．$v=0$ で 0 をとり，徐々に増加して $\frac{1}{2}mv^2 = k_{\rm B}T$ で極大値をとってから徐々に減少し，$v=\infty$ で 0 となる．

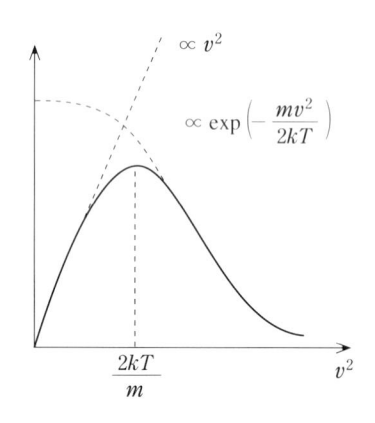

図 **12.3** マクスウェルの速さの分布関数

[例題 12.2] **マクスウェル分布から速さの平均値を計算する**

速さのマクスウェル分布で，(1) 速さの分布が最大になる値 $\hat{v}$，(2) 平均値 $\overline{v}$，(3) 2 乗平均値 $\sqrt{\overline{v^2}}$ を求めよ．これらの値の間の数的な関係を示せ．

〔解 説〕

(1) 速さのマクスウェル分布

$$\varphi(v) = 4\pi n v^2 \left(\frac{m}{2\pi k_\mathrm{B} T}\right)^{3/2} \exp\left(-m \frac{v^2}{2k_\mathrm{B} T}\right) \tag{12.16}$$

を v で微分してゼロとおく．

$$\frac{\mathrm{d}\varphi(v)}{\mathrm{d}v}$$

$$= 4\pi n \left(\frac{m}{2\pi k_\mathrm{B} T}\right)^{3/2} \left\{ 2v \exp\left(-m\frac{v^2}{2k_\mathrm{B} T}\right) - \frac{mv^3}{k_\mathrm{B} T} \exp\left(-m\frac{v^2}{2k_\mathrm{B} T}\right) \right\}$$

$$= 0$$

これを v について解けば

$$\hat{v} = \sqrt{\frac{2k_\mathrm{B} T}{m}} \tag{12.17}$$

を得る．

(2) 平均値を求める式は

$$\overline{v} = \frac{\displaystyle\int_0^\infty v\varphi(v)\,\mathrm{d}v}{\displaystyle\int_0^\infty \varphi(v)\,\mathrm{d}v} \tag{12.18}$$

である．$\varphi(v)$ を宝くじの当たる確率，v を宝くじの賞金とすると，$\overline{v}$ は宝くじの当選金の**期待値**にほかならない．$\varphi(v)$ は規格化しているから $\int_0^\infty \varphi(v)\,\mathrm{d}v = n$ である．分子の積分計算は

$$\int_0^\infty x^3 \exp(-\alpha x^2)\,\mathrm{d}x = \frac{1}{2\alpha^2} \tag{12.19}$$

を利用して求められる．

$$\overline{v} = \int_0^\infty 4\pi v^3 \left(\frac{m}{2\pi k_\mathrm{B} T}\right)^{3/2} \exp\left(-m\frac{v^2}{2k_\mathrm{B} T}\right)\mathrm{d}v$$

$$= 4\pi \left(\frac{m}{2\pi k_{\mathrm{B}} T}\right)^{3/2} \frac{1}{2}\left(\frac{2k_{\mathrm{B}} T}{m}\right)^2 = 2\pi^{-1/2} \left(\frac{2k_{\mathrm{B}} T}{m}\right)^{1/2}$$

$$= \sqrt{\frac{8k_{\mathrm{B}} T}{\pi m}}$$

(3) 速さの 2 乗平均を求める式は

$$\overline{v^2} = \frac{\int_0^\infty v^2 \varphi(v)\,\mathrm{d}v}{\int_0^\infty \varphi(v)\,\mathrm{d}v} \tag{12.20}$$

である.

$$\int_0^\infty x^4 \exp(-\alpha x^2)\,\mathrm{d}x = \frac{3}{8\alpha^2}\sqrt{\frac{\pi}{\alpha}} \tag{12.21}$$

を用いて

$$\overline{v^2} = \int_0^\infty 4\pi v^4 \left(\frac{m}{2\pi k_{\mathrm{B}} T}\right)^{3/2} \exp\left(-m\frac{v^2}{2k_{\mathrm{B}} T}\right)\mathrm{d}v$$

$$= 4\pi \left(\frac{m}{2\pi k_{\mathrm{B}} T}\right)^{3/2} \frac{3}{8}\left(\frac{2k_{\mathrm{B}} T}{m}\right)^2 \left(\frac{\pi 2k_{\mathrm{B}} T}{m}\right)^{1/2}$$

$$= \frac{3k_{\mathrm{B}} T}{m} \tag{12.22}$$

よって

$$\sqrt{\overline{v^2}} = \sqrt{\frac{3k_{\mathrm{B}} T}{m}} \tag{12.23}$$

を得る. したがって,

$$\hat{v} : \overline{v} : \sqrt{\overline{v^2}} = \sqrt{2} : \sqrt{\frac{8}{\pi}} : \sqrt{3} \tag{12.24}$$

となる.

章末問題

12.1 次の積分公式を証明せよ. $\int_0^\infty \exp(-x^2)\,\mathrm{d}x = \frac{\sqrt{\pi}}{2}$ を既知とする.

(1) $\int_0^\infty \exp(-\alpha x^2)\,\mathrm{d}x = \frac{1}{2}\sqrt{\frac{\pi}{\alpha}}$

(2) $\int_0^\infty x \exp(-\alpha x^2)\,\mathrm{d}x = \dfrac{1}{2\alpha}$

(3) $\int_0^\infty x^2 \exp(-\alpha x^2)\,\mathrm{d}x = \dfrac{1}{4\alpha}\sqrt{\dfrac{\pi}{\alpha}}$

(4) $\int_0^\infty x^3 \exp(-\alpha x^2)\,\mathrm{d}x = \dfrac{1}{2\alpha^2}$

(5) $\int_0^\infty x^4 \exp(-\alpha x^2)\,\mathrm{d}x = \dfrac{3}{8\alpha^2}\sqrt{\dfrac{\pi}{\alpha}}$

(ヒント：(1) は変数変換する．(2) は直接積分できる．(3), (4), (5) は部分積分するか，あるいは，(1) の両辺を α で微分して (3), (2) の両辺を α で微分して (4), (3) の両辺を α で微分して (5), を導いてもよい．)

12.2 容器が球形だった場合に，本文と同様の議論を進めて，気体分子運動論から状態方程式を導こう．質量 m の分子 N 個が半径 a の球の容器の中に封入されているものとする．質量 m，速さ v の分子は容器の壁に完全弾性衝突をする．このとき，容器の壁が受ける力の平均値が圧力として観測される．

(1) 図 12.4 のように，角度 θ で気体分子が容器の壁に衝突するとき，壁の面に垂直な方向の運動量の変化 Δp を求めよ．

(2) この気体分子が 1 秒間に壁に衝突する回数 n を求めよ．

(3) 1 秒間あたりの力積を求めよ．

(4) (3) から得られた 1 秒間の平均の力から圧力を求めよ．

(5) エネルギー等分配の法則を仮定して，状態方程式を導け．

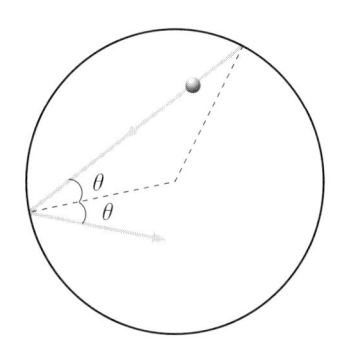

図 12.4 球形容器の中の気体分子の運動

第13章

電気の力

§1 クーロンの法則

電磁現象は，電荷の動きをもとに説明できることが多い．最初に，空間中に静止している 2 個の点電荷どうしに作用する力 $\boldsymbol{F}$ を考えよう．力はベクトルであり，向きと大きさをもっている．作用する力 $\boldsymbol{F}$ の向きは点電荷どうしを結ぶ直線の方向で，力の大きさはスカラー (数) で表される．もし，この直線上に座標軸をとると，力の向きと座標軸の方向が同じになる．その場合は力の大きさのみを考えればよい．この節では，そのように座標軸をとったものとして，力の大きさのみを考える．

電荷 q_0 [C], q_1 [C] をもつ点電荷間の力の大きさは，両者の距離が r [m] のとき，電荷の積 $q_0 q_1$ に比例し，距離 r の 2 乗に反比例する．力は，q_0 と q_1 の電荷が同符号の場合は斥力，異符号の場合は引力となる．これを**クーロンの法則**という．以上をまとめると，

$$F = k \frac{q_0 q_1}{r^2} \text{ [N]} \tag{13.1}$$

と表される．ここで k は比例定数であり，その値はどの単位系を使用するかに依存している．工学で広く使われている MKSA 単位系では，比例定数 k を，

$$k = \frac{1}{4\pi\varepsilon_0} = 10^{-7} c^2 = 8.99 \times 10^9 \text{ [N} \cdot \text{m}^2/\text{C}^2] \tag{13.2}$$

とする．ここで c は光速，定数 ε_0 は真空の誘電率と呼ばれるもので，

$$\varepsilon_0 = 8.85 \times 10^{-12} \text{ [C}^2/\text{N} \cdot \text{m}^2] \tag{13.3}$$

である．こうすれば，第 16 章で導入するマクスウェルの方程式の中に円周率の π が含まれなくなり，方程式が見やすくなる．

§2 電場

点電荷どうしは遠隔作用で力を伝えているのではなく，点電荷がまわりの空間の性質を変化させ，その性質の変化を別の点電荷が感じて力が伝わるという **近接作用** である．これを場の考え方ともいう．先ほどのクーロンの法則は，

$$F = q_0 E \,[\text{N}] \tag{13.4}$$

$$E = \frac{q_1}{4\pi\varepsilon_0 r^2} \,[\text{N/C}] \tag{13.5}$$

と分けて書くことができる．これらの式を，場の考え方では「点電荷 q_1 が存在することにより空間の性質が変化し，距離 r の場所では式 (13.5) で表される **電場** E(**電界** ともいう) が生じる．そこに電荷 q_0 を置けば式 (13.4) で表される力 F が q_0 に作用する」と考えるのである．たとえていうと，図 13.1 のようになろうか．ピンと張ったシーツの上に球 M(電荷 q_1 に対応) を置くと凹み (電場 E に対応) が生じ，別の球 m(別の電荷 q_0 に対応) を置くと，それは凹みの傾きを感じて (力の作用に対応) 球 M に引かれるようにころがる．

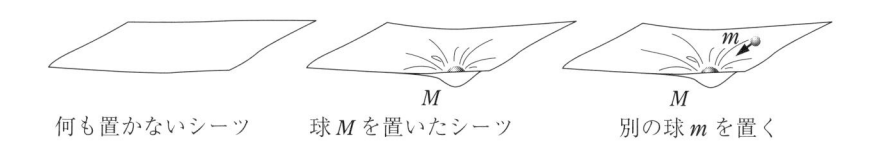

| 何も置かないシーツ | 球 M を置いたシーツ | 別の球 m を置く |

図 **13.1** 近接作用 (場の考え) のモデル

さて，はじめに座標系が与えられている場合，電荷 q_0 に作用する力 F を大きさだけではなく，向きまで考慮して式 (13.4) と式 (13.5) を書き直せば，

$$\boldsymbol{F} = q_0 \boldsymbol{E} \,[\text{N}] \tag{13.4a}$$

$$\boldsymbol{E} = \frac{q_1}{4\pi\varepsilon_0 r^2} \cdot \frac{\boldsymbol{r}}{r} \,[\text{N/C}] \tag{13.5a}$$

となる．ここで，$\boldsymbol{F}$ と $\boldsymbol{E}$ は，電荷 q_0 に作用する力のベクトルと q_0 を置く場所での電場のベクトル，$\boldsymbol{r}$ は点電荷 q_1 から点電荷 q_0 に向かうベクトル，r はベクトル $\boldsymbol{r}$ の大きさ，$\boldsymbol{r}/r$ は向きを表す大きさ 1 のベクトルである．式 (13.5a) の右辺の各成分を計算することで電場の各成分を求めることができる．

点電荷 q_1 のつくる電場 $\boldsymbol{E}$ の向きは，図 13.2 に示すように，q_1 を中心とし

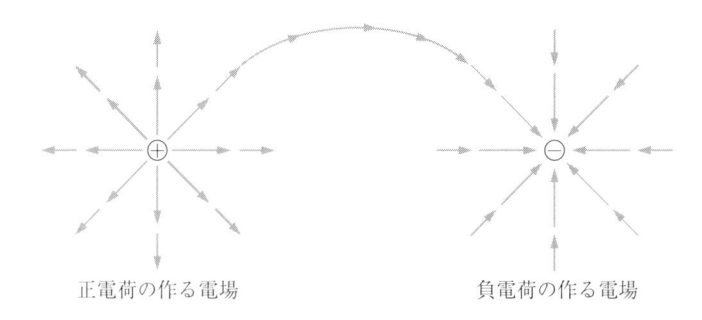

正電荷の作る電場　　　　　負電荷の作る電場

図 13.2　電場と電気力線

て q_1 が正のときは放射状に出る (負のときは入る). 電場の接線方向につねに一致するように描いた線を **電気力線** という.

点電荷が複数個あるときの電場は, 重ね合わせ (本章のワンポイント参照) で求めることができる.

[例題 13.1]　電場の重ね合わせ

図 13.3 のように, 一辺の長さが $0.1\,\mathrm{m}$ の正三角形 ABC の 2 頂点 A,C に $0.2\,\mathrm{C}$ の点電荷を置いたとき, 頂点 B における電場 $\boldsymbol{E}$ [N/C] を求めよ. ただし, 真空の誘電率を ε_0 とする.

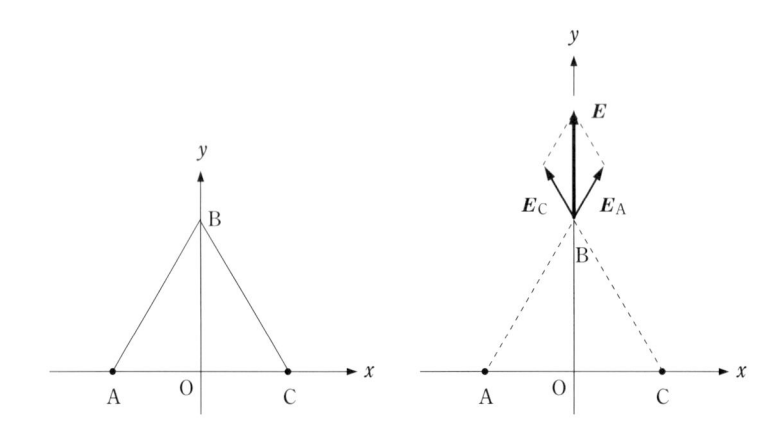

図 13.3

〔解説〕 図 13.3 のように, 頂点 B において点電荷 A からの電場 E_A と点電荷 C からの電場 E_C を求め, ベクトルとして足し合わせると, 電場 $\boldsymbol{E} = (E_x, E_y)$ は,

$$E_x = 0 \,[\text{N/C}] \tag{13.6}$$

$$E_y = 2E_A \cos\frac{\pi}{6} = 2 \cdot \frac{0.2}{4\pi\varepsilon_0 0.1^2} \cdot \frac{\sqrt{3}}{2} = \frac{5\sqrt{3}}{\pi\varepsilon_0} \,[\text{N/C}] \tag{13.7}$$

の成分をもつ.

§3 電位 (静電ポテンシャル)

電荷に電場の力 $F = qE$ が作用しているとき, この力を打ち消して電荷を動かすには $-F$ の外力が必要である. この外力のする仕事が位置エネルギー U として蓄えられる. これは, 重力が作用している空間中で, 重力に逆らって質点 (質量が点に集中したもの) を動かす仕事が位置エネルギーとして蓄えられるのに対応している.

いま, 電場中の点 A に電荷 q があるとしよう. こうなるには, どこからか電荷が運ばれてきて, その仕事がエネルギーとして蓄えられたはずである. 物理的な条件から電荷の出発点があらかじめ決められている場合を除けば, 無限遠の場所での位置エネルギーを 0 とおけると計算上便利な場合が多いので, 通常は出発点を無限遠として考えることが多い. 出発点を決めることは, エネルギーの基準値, つまり, 境界条件を与えることに相当する. このとき, 点 A の電荷 q に蓄えられた位置のエネルギー $U(\text{A})$ は, 電荷を運ぶために $-F$ がした仕事 $-F\,\mathrm{d}s$ (一般には力 $-\boldsymbol{F}$ と微小移動ベクトル $\mathrm{d}\boldsymbol{s}$ の内積 $-\boldsymbol{F} \cdot \mathrm{d}\boldsymbol{s}$) を無限遠の場所から点 A まで積分して,

$$U(\text{A}) = \int_\infty^\text{A} -F \,\mathrm{d}s = \int_\infty^\text{A} -qE \,\mathrm{d}s \,[\text{J}] \tag{13.8}$$

と表される. 点 A の場所を変えると位置エネルギーが変わる. つまり, 位置エネルギーは場所の関数である. 式 (13.8) において $q = 1\,\text{C}$ とした場合の位置エネルギーを, その場所における **電位** (**静電ポテンシャル** ともいう) と呼び ϕ で表すことにする. 力学ではポテンシャルはエネルギーの次元をもっている

が，クーロン力では電荷 q をある静電ポテンシャル ϕ のところに置いてはじめてエネルギーの量が決まる．したがって，静電ポテンシャルの次元は [J/C] となり，力学でのポテンシャルの次元 [J] と違うことを注意しておく．電位 ϕ の単位をボルト [V] と呼ぶ．$1\,\mathrm{V} = 1\,\mathrm{J/C}$ である．

　電位 ϕ の値は電荷を運んできた経路には依存しない．なぜなら，ある点 P から点 A までの 2 つの経路 C，D によって電位の差があったとすると，この 2 つの経路を結び電荷を 1 周させることでエネルギーが取り出せて，この過程を繰り返すことで永久機関ができることになり，これは物理法則に反するからである．

　電荷 $Q\,[\mathrm{C}]$ を原点に置いたときの距離 $a\,[\mathrm{m}]$ における電位 $\phi\,[\mathrm{V}]$ を求めよう．電位 ϕ は式 (13.8) で $q=1\,\mathrm{C}$ とおいて，無限遠から a まで積分して，

$$\begin{aligned}\phi(a) &= \int_\infty^a -E\,\mathrm{d}r = \int_\infty^a -\frac{Q}{4\pi\varepsilon_0 r^2}\,\mathrm{d}r \\ &= \frac{-Q}{4\pi\varepsilon_0}\int_\infty^a \frac{1}{r^2}\,\mathrm{d}r = \frac{Q}{4\pi\varepsilon_0}\left[\frac{1}{r}\right]_\infty^a = \frac{Q}{4\pi\varepsilon_0 a}\,[\mathrm{V}]\end{aligned} \qquad(13.9)$$

となる．距離 $a\,[\mathrm{m}]$ での電位が求まったので，$r\,[\mathrm{m}]$ での電位は $\dfrac{Q}{4\pi\varepsilon_0 r}\,[\mathrm{V}]$ となる．

例題 13.2　電場，電場の成分，電位

　図 13.4 のように点 A(1,2,3) に電荷 $q\,[\mathrm{C}]$ がある．点 P(x,y,z) における電場

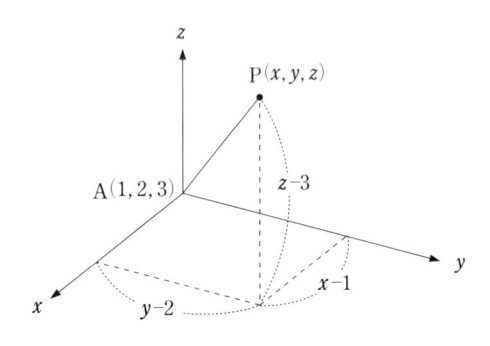

図 13.4

の大きさ E [V/m],その x 成分 E_x [V/m],電位 ϕ [V] を求めよ.ただし,座標軸上の距離の単位はメートルとし,真空の誘電率を ε_0 とする.

〔解説〕 点 A と点 P の距離は $r = ((x-1)^2 + (y-2)^2 + (z-3)^2)^{1/2}$ なので,電場の大きさは式 (13.5) より,

$$E = \frac{q}{4\pi\varepsilon_0 r^2} = \frac{q}{4\pi\varepsilon_0((x-1)^2 + (y-2)^2 + (z-3)^2)} \text{ [V/m]} \quad (13.10)$$

となる.点 A から点 P に向かうベクトルは $\overrightarrow{\mathrm{AP}} = (x-1, y-2, z-3)$ であり,向きを表す大きさ 1 のベクトルは $\frac{1}{r}(x-1, y-2, z-3)$ である.電場の x 成分は,式 (13.10) を使って式 (13.5a) の x 成分を計算すると,

$$E_x = \frac{q}{4\pi\varepsilon_0 r^2} \cdot \frac{x-1}{r} = \frac{q(x-1)}{4\pi\varepsilon_0((x-1)^2 + (y-2)^2 + (z-3)^2)^{3/2}} \text{ [V/m]} \quad (13.11)$$

となる.電位は式 (13.9) より,

$$\phi = \frac{q}{4\pi\varepsilon_0 r} = \frac{q}{4\pi\varepsilon_0((x-1)^2 + (y-2)^2 + (z-3)^2)^{1/2}} \text{ [V]} \quad (13.12)$$

となる.

電位 ϕ を,電場 E にマイナスをつけて積分して求めると,一般には積分定数が 1 つ出てくる.この積分定数は,境界条件 (たとえば「無限遠において電位は 0」など) を与えて決めることができる.

電場 E は,電位 ϕ を微分してマイナスをつけると求めることができる.実際,式 (13.12) の電位 ϕ を r で微分してマイナスをつけてみよう.定数の $\frac{q}{4\pi\varepsilon_0}$ は微分に関係がないので,r に関係する部分だけを考えると,r^{-1} を r で微分すると $-r^{-2}$ となり,これにマイナスをつけると r^{-2} となり式 (13.10) の電場 E になる.さて,電位 ϕ を x で微分するとどうなるか?

距離 $r = ((x-1)^2 + (y-2)^2 + (z-3)^2)^{1/2}$ の 2 乗を $A = (x-1)^2 + (y-2)^2 + (z-3)^2 = r^2$ とする.r を x で微分すると,

$$\frac{\partial r}{\partial x} = \frac{\partial r}{\partial A} \cdot \frac{\partial A}{\partial x} = \left(\frac{\partial}{\partial A} A^{1/2}\right) \cdot 2(x-1) = \frac{1}{2} A^{-1/2} \cdot 2(x-1)$$

$$= ((x-1)^2 + (y-2)^2 + (z-3)^2)^{-1/2} \cdot (x-1) = \frac{x-1}{r} \quad (13.13)$$

となる．さて，電位は式 (13.12) より，
$$\phi = \frac{q}{4\pi\varepsilon_0 r} = \frac{q}{4\pi\varepsilon_0((x-1)^2+(y-2)^2+(z-3)^2)^{1/2}}$$
なので，これを x で微分してマイナスをつけて計算を進めると，式 (13.11),(13.13) から，
$$-\frac{\partial \phi}{\partial x} = -\frac{\partial}{\partial r}\left(\frac{q}{4\pi\varepsilon_0 r}\right)\cdot\frac{\partial r}{\partial x} = -\frac{q}{4\pi\varepsilon_0}\frac{\partial}{\partial r}(r^{-1})\left(\frac{x-1}{r}\right)$$
$$= \frac{q}{4\pi\varepsilon_0 r^2}\left(\frac{x-1}{r}\right) = E_x \tag{13.14}$$
となる．つまり，電位 ϕ を x で微分してマイナスをつけると，電場の x 成分 E_x になることがわかった．同様に，電位 ϕ を y や z で微分してマイナスをつけると，電場の y 成分 E_y や z 成分 E_z が求まる．

章末問題

13.1 図 13.5 のように，一辺の長さが 0.1 m の正三角形 ABC の 2 頂点 A,C に 0.2 C と -0.2 C の点電荷を置いたとき，頂点 B における電場 E [V/m] を求めよ．ただし，真空の誘電率を ε_0 とする．

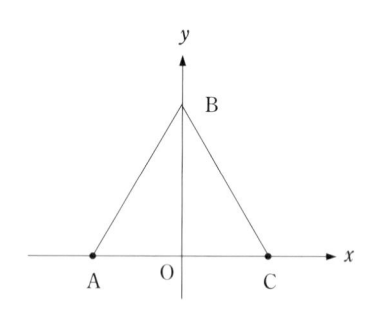

図 13.5

13.2 点 A$(0,2,-4)$ に電荷 q [C] がある．点 P(x,y,z) における電場の大きさ E [V/m]，その y 成分 E_y [V/m]，電位 ϕ [V] を求めよ．ただし，座標軸上の距離の単位はメートルとし，真空の誘電率を ε_0 とする．

☕ Coffee Break：単位系

力学では，すべての物理量の単位が長さ (meter, [m])，質量 (kilogram, [kg])，時間 (second, [s]) の基本単位の組み合わせで表される．これを MKS 単位系という．ところで，電磁的な物理量を記述するにはこれだけでは足りずに，第 4 の基本単位が必要になる．工学で広く使われている MKSA 単位系では，電流 (ampere, [A]) を基本単位にとり，これから電荷量，電場の強さなどを定義する．

電流の定義(アンペア, [A])　真空中の $1\,\mathrm{m}$ 離した平行な 2 本の導線に，等しい大きさの定常電流を流す．このとき導線 $1\,\mathrm{m}$ あたりに作用する力が $2 \times 10^{-7}\,\mathrm{N/m}$ の場合に，この導線に流れている電流の大きさを $1\,\mathrm{A}$ という．

電荷の単位(クーロン, [C])　導線のある断面で $1\,\mathrm{A}$ の定常電流が流れているとき，この断面を $1\,\mathrm{s}$ の間に通過する電荷の量を $1\,\mathrm{C}$ という．すなわち $1\,\mathrm{C} = 1\,\mathrm{A} \cdot \mathrm{s}$ である．

電場の強さ　電荷に作用する力 $F = qE$ より電場 E の次元を求めると $[\mathrm{N/C}]$ であるが，一般には電位の単位 $[\mathrm{V}]$ を用いて $[\mathrm{V/m}]$ で表すことが多い．なぜなら $[\mathrm{V/m}]$ を変形すると，

$$\left[\frac{\mathrm{V}}{\mathrm{m}}\right] = \left[\frac{\mathrm{J}}{\mathrm{C}\cdot\mathrm{m}}\right] = \left[\frac{\mathrm{kg}\frac{\mathrm{m}^2}{\mathrm{s}^2}}{\mathrm{C}\cdot\mathrm{m}}\right] = \left[\frac{\mathrm{kg}\frac{\mathrm{m}}{\mathrm{s}^2}}{\mathrm{C}}\right] = \left[\frac{\mathrm{N}}{\mathrm{C}}\right]$$

となるからである．電場を**電界**と呼ぶ場合もある．

磁束密度の単位(テスラ, [T])　磁場に垂直な導線に $1\,\mathrm{A}$ の電流が流れている．このとき導線 $1\,\mathrm{m}$ あたりに作用する力の大きさが $1\,\mathrm{N/m}$ であるとき，磁束密度 B の大きさを $1\,\mathrm{T}$ という．すなわち $1\,\mathrm{T} = 1\,\mathrm{N/A} \cdot \mathrm{m} = 1\,\mathrm{Wb/m}^2$ である．

磁束の単位(ウェーバー, [Wb])　閉じた曲線をふちとする面 S 上で，磁束密度 B の面 S に垂直な成分 B_n を面積分する．これを，S を通る磁束といい ϕ で表す．$1\,\mathrm{T}$ の大きさの一様な磁束密度 B が，$1\,\mathrm{m}^2$ の平面を垂直に横切っているとき，この平面を通る磁束は $1\,\mathrm{Wb}$ である．すなわち，$1\,\mathrm{Wb} = 1\,\mathrm{N} \cdot \mathrm{m/A} = 1\,\mathrm{T} \cdot \mathrm{m}^2$ である．

❗ One Point：重ね合わせ

点電荷が多数個あるとき，位置 $\boldsymbol{r}_0$ にある電荷 q_0 に作用する力を考えよう．点電荷が $n+1$ 個あるとき，電荷 q_0 に作用する力 $\boldsymbol{F}$ は，他の n 個の電荷 $q_1, \cdots, q_i, \cdots, q_n$ からの個々の力 $\boldsymbol{F}_1, \cdots, \boldsymbol{F}_i, \cdots, \boldsymbol{F}_n$ をベクトルとして加え合わせたもの，つまり**力の**

重ね合わせ として，

$$\bm{F}(\bm{r}_0) = \sum_{i=1}^{n} \bm{F}_i = \frac{q_0}{4\pi\varepsilon_0} \sum_{i=1}^{n} \frac{q_i}{|\bm{r}_0 - \bm{r}_i|^2} \cdot \frac{\bm{r}_0 - \bm{r}_i}{|\bm{r}_0 - \bm{r}_i|} \tag{13.15}$$

と表される．ここで，式 (13.4a)〜(13.5a) より $\bm{F}_i = \dfrac{q_0 q_i}{4\pi\varepsilon_0 |\bm{r}_0 - \bm{r}_i|^2} \cdot \dfrac{\bm{r}_0 - \bm{r}_i}{|\bm{r}_0 - \bm{r}_i|}$ となることを考慮した．力は $\bm{F} = q_0 \bm{E}$ と表されるので，電場 $\bm{E}$ は，

$$\bm{E}(\bm{r}_0) = \sum_{i=1}^{n} \bm{E}_i = \frac{1}{4\pi\varepsilon_0} \sum_{i=1}^{n} \frac{q_i}{|\bm{r}_0 - \bm{r}_i|^2} \cdot \frac{\bm{r}_0 - \bm{r}_i}{|\bm{r}_0 - \bm{r}_i|} \tag{13.16}$$

と表される．これは，電荷 q_0 の位置 $\bm{r}_0$ における電場 $\bm{E}$ は他の n 個の電荷 $q_1, \cdots, q_i,$ $\cdots, q_n$ が $\bm{r}_0$ に作る個々の電場 $\bm{E}_1, \cdots, \bm{E}_i, \cdots, \bm{E}_n$ をベクトルとして加え合わせたもの，つまり**電場の重ね合わせ**として表されることを意味している．

点電荷がもっと多量にあって，電荷が面 S の上や領域 A の内部に分布しているとみなせる場合を考えてみよう．面上の電荷密度 $\sigma(\bm{x}) \, [\mathrm{C/m^2}]$ や体積中の電荷密度 $\rho(\bm{x}) \, [\mathrm{C/m^3}]$ という量を導入すると，位置 $\bm{r}_0$ の電場 $\bm{E}$ は面積分や体積分を用いて，

$$\bm{E}(\bm{r}_0) = \frac{1}{4\pi\varepsilon_0} \int_{\mathrm{S}} \frac{\sigma(\bm{x}) \, \mathrm{d}S}{|\bm{r}_0 - \bm{r}(\bm{x})|^2} \cdot \frac{\bm{r}_0 - \bm{r}(\bm{x})}{|\bm{r}_0 - \bm{r}(\bm{x})|}$$

$$\left(\Leftarrow \frac{1}{4\pi\varepsilon_0} \sum_{i=1}^{n} \frac{\sigma(\bm{x}_i) \, \mathrm{d}S_i}{|\bm{r}_0 - \bm{r}(\bm{x}_i)|^2} \cdot \frac{\bm{r}_0 - \bm{r}(\bm{x}_i)}{|\bm{r}_0 - \bm{r}(\bm{x}_i)|} \right) \tag{13.17}$$

$$\bm{E}(\bm{r}_0) = \frac{1}{4\pi\varepsilon_0} \int_{\mathrm{A}} \frac{\rho(\bm{x}) \, \mathrm{d}V}{|\bm{r}_0 - \bm{r}(\bm{x})|^2} \cdot \frac{\bm{r}_0 - \bm{r}(\bm{x})}{|\bm{r}_0 - \bm{r}(\bm{x})|}$$

$$\left(\Leftarrow \frac{1}{4\pi\varepsilon_0} \sum_{i=1}^{n} \frac{\rho(\bm{x}_i) \, \mathrm{d}V_i}{|\bm{r}_0 - \bm{r}(\bm{x}_i)|^2} \cdot \frac{\bm{r}_0 - \bm{r}(\bm{x}_i)}{|\bm{r}_0 - \bm{r}(\bm{x}_i)|} \right) \tag{13.18}$$

と表される．ここで，式 (13.17)〜(13.18) のカッコの中は，面積分や体積分の具体的な計算方法を示している．電荷が分布している面や領域を多数の小区間に分割し，各小区間からの微小な電場の総和を考え，より細かく分割した極限では，その総和が求める電場になる．一般に，位置 $\bm{r}_0$ の電場は式 (13.16)〜(13.18) の和として表される．

ここで，式 (13.17)〜(13.18) と式 (13.16) との対応関係を見てみよう．式 (13.17)〜(13.18) の $\bm{r}(\bm{x})$ は電荷が分布している場所の位置ベクトルを表し，点電荷の場合の位置ベクトル $\bm{r}_i$ に対応している．また $\mathrm{d}S$ や $\mathrm{d}V$ は $\bm{r}(\bm{x})$ 近傍における微小な面積，体積であり，$\sigma(\bm{x}) \, \mathrm{d}S$ や $\rho(\bm{x}) \, \mathrm{d}V$ はその中に含まれる電荷量を意味し，点電荷の場合の q_i に対応している．さらに積分 $\left(\int \right)$ はそれぞれの微小な面積や体積からの電荷の寄与を重ね合わせることを意味し，点電荷の場合の各電荷からの寄与の総和 $\left(\sum \right)$ に対応している．この対応関係を図 13.6 に示す．

§3 電位 (静電ポテンシャル)   131

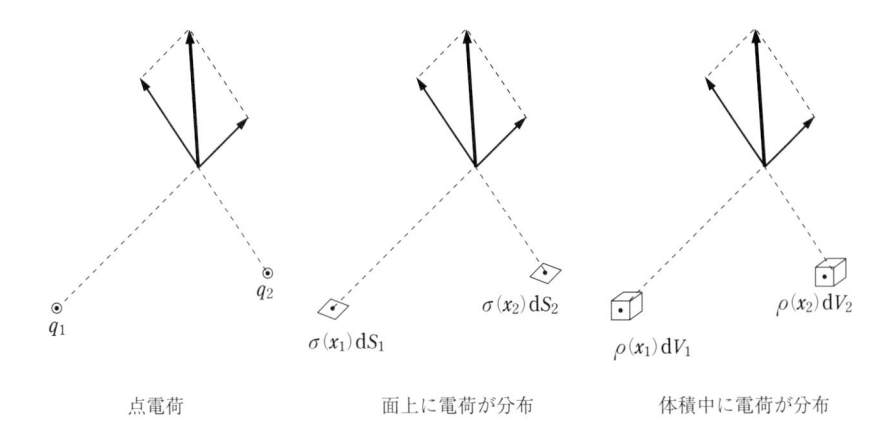

|点電荷|面上に電荷が分布|体積中に電荷が分布|

図 **13.6** 電場の重ね合わせ

複雑に見えた式 (13.17)〜(13.18) も式 (13.16) と対応させて考えるとそんなに難しいものではない．「簡単なものを通して複雑なものを構成し理解すること」，これが科学の考え方である．

これらの結果を用いて，電場中における有限の大きさの帯電した物体 (帯電体) に作用する力を求めることができる．帯電体を細分化して多数の小区間に分ける．この各小区間内の微小電荷に作用する力を求め，その力を重ね合わせる (数学的には和をとる) と帯電体全体に作用する力が求まる．

点電荷が多数個あるときの電位も求めることができる．電位を求めたい場所 $\bm{r}_0$ から点電荷 q_i までの距離が r_i のとき，$\bm{r}_0$ における電位 ϕ は他の n 個の電荷 $q_1,\cdots,q_n$ がつくる個々の電位 $\phi_1,\cdots,\phi_n$ をスカラー (数) として加え合わせたもの，つまり**電位の重ね合わせ**として，

$$\phi(\bm{r}_0) = \sum_{i=1}^n \phi_i(\bm{r}_0) = \frac{1}{4\pi\varepsilon_0}\sum_{i=1}^n \frac{q_i}{r_i} \tag{13.19}$$

と表される．その理由は式 (13.16) にある．電荷 q_0 に作用する電場は、個々の電荷からの電場をベクトルとして加え合わせたものであり、式 (13.9) より，

$$\phi(a) = \int_\infty^a -\bm{E}\cdot\mathrm{d}\bm{r} = \int_\infty^a -\sum_{i=1}^n \bm{E}_i\cdot\mathrm{d}\bm{r} = \sum_{i=1}^n \left(\int_\infty^a -\bm{E}_i\cdot\mathrm{d}\bm{r}\right)$$

$$= \sum_{i=1}^n \phi_i(a) = \frac{1}{4\pi\varepsilon_0}\sum_{i=1}^n \frac{q_i}{r_i}$$

となるからである．電荷が面上や領域内に分布しているときの電位は，

$$\phi(\bm{r}_0) = \frac{1}{4\pi\varepsilon_0}\int \frac{\sigma(\bm{x})\,\mathrm{d}S}{r} \tag{13.20}$$

$$\phi(\boldsymbol{r}_0) = \frac{1}{4\pi\varepsilon_0} \int \frac{\rho(\boldsymbol{x})\,\mathrm{d}V}{r} \tag{13.21}$$

と表される．式 (13.19) と式 (13.20)〜(13.21) の対応関係はもはや明らかである．

第14章

磁気の力

　棒磁石の上に白いボール紙を置いて，その上から鉄粉をまくと，鉄粉が集まるのは棒磁石の両端である．磁石の両端を**磁極**という．鉄粉は，あたかも両磁極上に正と負の電荷が置いてある場合の電気力線に似た線を描いているようにも見える．そこで，正と負の電荷に対応してN極，S極という磁荷があるのではないかと考えられた．しかし，今までに磁荷を単独(N極だけ，またはS極だけ)で取り出すことはできていない．現在では，磁石はそれを構成する原子の中にある電子のさまざまな運動，つまり微小な電流が磁場を発生させているのだと考えられている．では，電流はどのような磁場を発生させているのだろうか？電流と電流，および，電流と磁場はどのような相互作用を行うのだろうか？これらを調べてみよう．

§1 平行電流間の相互作用，反平行電流間の相互作用

　図14.1のように，平行な2本の導線に電流 I_0 [A], I_1 [A] が流れている．定

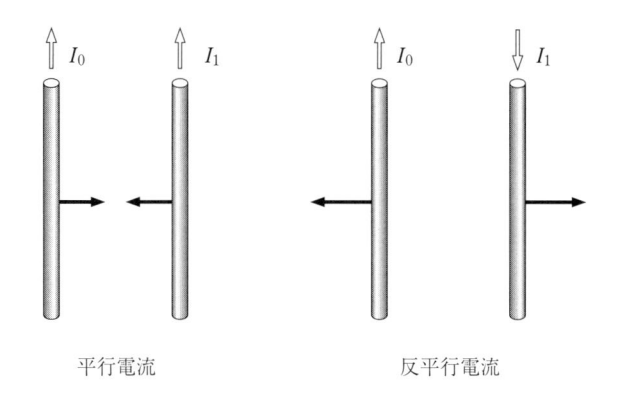

平行電流　　　　　　　反平行電流

図 **14.1**

常な平行電流間には引力が，反平行電流間には斥力が作用する．それらの電流の単位長さあたりに作用する力の大きさ F [N/m] は，それぞれの電流の積 $I_0 I_1$ に比例し，電流間の距離 R [m] に反比例する．以上をまとめると，

$$F = k\frac{I_0 I_1}{R} \text{ [N/m]} \tag{14.1}$$

と表される．ここで k は比例定数である．これより，導線の長さ L [m] の部分には FL [N] の力が作用している．第 13 章のコーヒーブレイクを見ると，比例定数は，MKSA 単位系では $k = 2 \times 10^{-7}$ [N/A^2] である．ここで，比例定数を $k = \dfrac{\mu_0}{2\pi}$ とおくと，マクスウェルの方程式が見やすくなる．μ_0 を真空の**透磁率**といい，その値は $4\pi \times 10^{-7}$ [N/A^2] である．このとき，式 (14.1) は，

$$F = \frac{\mu_0 I_0 I_1}{2\pi R} \text{ [N/m]} \tag{14.2}$$

と書ける．この式を，「電流 I_1 は場 B をつくり，その中で電流 I_0 を流すと電流 I_0 に力 F が作用する」という場の考え方を用いて書き直すと，

$$F = I_0 B \text{ [N/m]} \tag{14.3}$$

$$B = \frac{\mu_0 I_1}{2\pi R} \text{ [T]} \tag{14.4}$$

となる．新しい場 B を**磁場**といい，B そのものは**磁束密度**という名前がついている．式 (14.3) において電流 I_0 が 1 A で，電流 I_0 に作用する 1 m あたりの力 F が 1 N/m のとき，磁束密度 B の大きさを 1 テスラ (T = N/A·m) という．

§2 右ねじの法則

それでは，直線電流はどのような磁場を生じているのだろうか？ 微小な磁針の N 極が示す向きを磁場 $\boldsymbol{B}$ の向きと約束すると，図 14.2 のように，直線電流は，そのまわりに回転する向きの磁場を生じさせていることがわかる．電流の向きを右ねじの進行方向に一致させたときに，ねじの回転の向きに磁場ができているので**右ねじの法則**という．

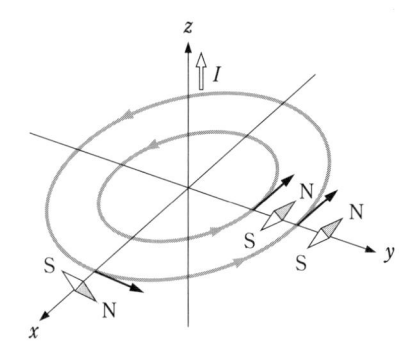

図 **14.2** 直線電流の磁場

例題 14.1 磁束密度，右ねじの法則，電流に作用する力

図 14.3 のように，点 P(0,1,0) を通る z 軸に平行な無限に長い導線に，z 軸の正の向きに 2 A の電流を流したとき

(1) 点 Q($x, y, 0$) における磁束密度 $\boldsymbol{B}$ の大きさとその成分 B_x, B_y を求めよ．

(2) 点 Q($x, y, 0$) を通る z 軸に平行な無限に長い導線に，z 軸の負の向きに 3 A の電流を流したとき，この導線の単位長さあたりに作用する力 F を求めよ．

ただし，真空の透磁率 μ_0 を $4\pi \times 10^{-7}\,\mathrm{N/A^2}$ とし，座標軸上の距離の単位は

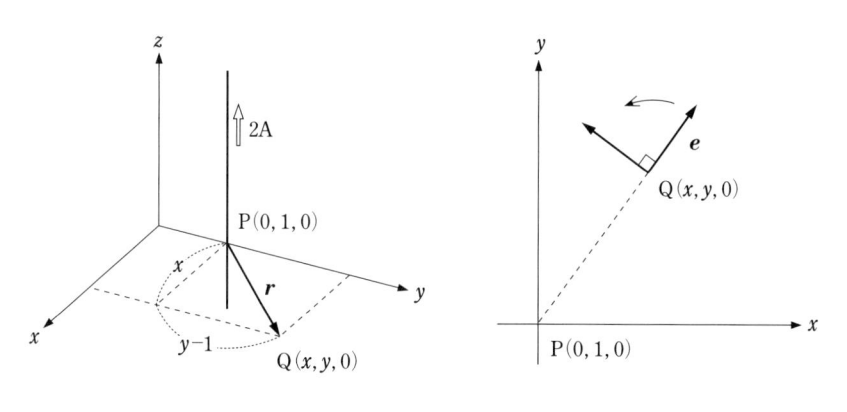

図 **14.3**　　　　　図 **14.4**

メートルとする.

〔解説〕 点 $P(0,1,0)$ から点 $Q(x,y,0)$ に向かうベクトル $\boldsymbol{r}$ は, $\boldsymbol{r}=(x,y-1,0)$ で, その大きさは $r=\sqrt{x^2+(y-1)^2}$ である. 磁束密度 $\boldsymbol{B}$ の大きさは式 (14.4) に電流 $I_1=2\,\mathrm{A}$ と距離 $R=r\,[\mathrm{m}]$ を代入して,

$$B=\frac{\mu_0}{2\pi}\cdot\frac{I_1}{r}=\frac{4\pi\times10^{-7}}{2\pi}\cdot\frac{2}{\sqrt{x^2+(y-1)^2}}=\frac{4\times10^{-7}}{\sqrt{x^2+(y-1)^2}}\,[\mathrm{T}]\quad(14.5)$$

となる. 右ねじの法則を使って磁場の向きを求めるために, 大きさ 1 のベクトル $\boldsymbol{e}=\left(\dfrac{x}{r},\dfrac{y-1}{r}\right)$ を図 14.4 のように反時計まわりに $\dfrac{\pi}{2}$ 回転させると,

$$\begin{pmatrix}\cos\dfrac{\pi}{2}&-\sin\dfrac{\pi}{2}\\\sin\dfrac{\pi}{2}&\cos\dfrac{\pi}{2}\end{pmatrix}\begin{pmatrix}\dfrac{x}{r}\\\dfrac{y-1}{r}\end{pmatrix}=\begin{pmatrix}0&-1\\1&0\end{pmatrix}\begin{pmatrix}\dfrac{x}{r}\\\dfrac{y-1}{r}\end{pmatrix}=\begin{pmatrix}\dfrac{1-y}{r}\\\dfrac{x}{r}\end{pmatrix}\quad(14.6)$$

となるので, 磁束密度 $\boldsymbol{B}$ の x 成分 B_x と y 成分 B_y は,

$$B_x=B\cdot\frac{1-y}{r}=\frac{4\times10^{-7}\cdot(1-y)}{x^2+(y-1)^2}\quad(14.7)$$

$$B_y=B\cdot\frac{x}{r}=\frac{4\times10^{-7}\cdot x}{x^2+(y-1)^2}\quad(14.8)$$

となる. 3 A の電流が流れている導線には, 単位長さあたり

$$F=\frac{\mu_0 I_0 I_1}{2\pi r}=BI_0=\frac{4\times10^{-7}\cdot3}{\sqrt{x^2+(y-1)^2}}=\frac{1.2\times10^{-6}}{\sqrt{x^2+(y-1)^2}}\,[\mathrm{N/m}]\quad(14.9)$$

の力 (斥力) が作用する.

§3 ビオ–サバールの法則

直線状ではない定常電流は, どのような磁場を生じるのだろうか？ この問いには, 電流を細かく分割して, 個々の微小な部分がつくる微小磁場を求め, この微小磁場を重ね合わせると答えることができる.

定常電流 I が流れている導線上の微小部分 (これを **電流素片** という) $\mathrm{d}\boldsymbol{s}$ を考える. $\mathrm{d}\boldsymbol{s}$ は電流と同じ向きをもった微小なベクトルで, その大きさは微小部分の長さ $\mathrm{d}s$ に等しい. ここから $\boldsymbol{R}$ だけ離れた点 P につくる微小磁場 $\mathrm{d}\boldsymbol{B}$ は,

ベクトルの外積 (本章のワンポイント参照) を用いて,

$$d\boldsymbol{B} = \frac{\mu_0 I}{4\pi R^2}\left(d\boldsymbol{s} \times \frac{\boldsymbol{R}}{R}\right) \tag{14.10}$$

と表される．これをビオ–サバールの法則という．$d\boldsymbol{B}$ の大きさは,

$$|d\boldsymbol{B}| = \frac{\mu_0 I}{4\pi R^3}|d\boldsymbol{s}||\boldsymbol{R}|\sin\theta \tag{14.11}$$

である．ここで，R は電流素片 $d\boldsymbol{s}$ と点 P の距離で，角 θ は電流素片 $d\boldsymbol{s}$ とベクトル $\boldsymbol{R}$ のなす角度である．電流素片 $d\boldsymbol{s}$ のつくる微小磁場 $d\boldsymbol{B}$ の向きは，図 14.5 のように，電流素片 $d\boldsymbol{s}$ と $\boldsymbol{R}$ のつくる平面に垂直である．したがって，電流が閉じた経路を流れているとき，電流 I に沿った電流素片を $d\boldsymbol{s}$ とすると，この電流による点 P における磁束密度 $\boldsymbol{B}$ は，式 (14.10) を積分して，

$$\boldsymbol{B} = \frac{\mu_0 I}{4\pi}\int\left(d\boldsymbol{s} \times \frac{\boldsymbol{R}}{R^3}\right) \tag{14.12}$$

と表せる．

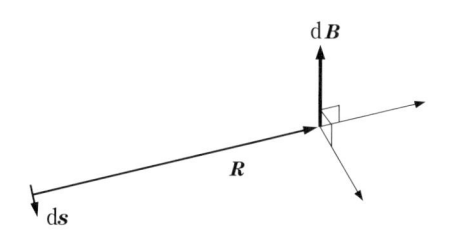

図 14.5 電流素片のつくる磁場

[例題 14.2] ビオ–サバールの法則の応用

図 14.6 のように，半径 3 m の円形の導線に電流 2 A が流れている．円の中心での磁束密度 B を求めよ．ただし，真空の透磁率 μ_0 を $4\pi \times 10^{-7}$ N/A^2 とする．

〔解 説〕 図 14.7 のように円形の導線上の微小な角度 $d\theta$ をもつ導線の電流素片 $d\boldsymbol{s}$ を考える．この電流素片に流れる電流がつくる微小磁場 $d\boldsymbol{B}$ は，ビオ–サバールの法則より，図を書いてみると，中心軸上で上向きである．その

図 14.6　　　　　　　　　図 14.7

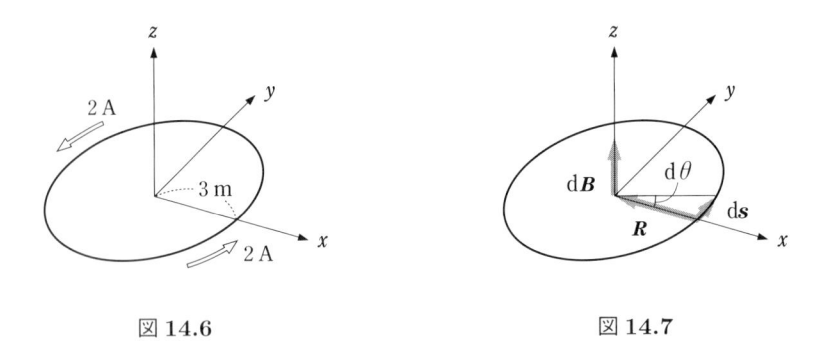

大きさは，式 (14.11) より

$$|d\bm{B}| = \frac{\mu_0 I}{4\pi R^3}|d\bm{s}||\bm{R}|\sin\frac{\pi}{2} = \frac{\mu_0 2}{4\pi 3^3}3\,d\theta \cdot 3 \cdot 1 = \frac{\mu_0}{6\pi}d\theta$$

である．円形の導線のつくる磁場 B は，微小磁場 $d\bm{B}$ を足し合わせればよいので，角度について積分を行うと，

$$B = \int dB = \int_0^{2\pi} \frac{\mu_0}{6\pi}d\theta = \frac{\mu_0}{3} = \frac{4\pi \times 10^{-7}}{3}\,[\text{T}] \tag{14.13}$$

となる．

§4 磁場中の電流に作用する力

磁束密度 $\bm{B}$ があるとき，電流 I が流れる電流素片 $d\bm{s}$ の部分には，ベクトルの外積を用いると，

$$d\bm{F} = I\,d\bm{s} \times \bm{B} \tag{14.14}$$

で表される力が作用している．これを用いて，平行電流間に作用する力が引力であることを確かめてみよう．

例題 14.3　電流がつくる磁場，電流に作用する力

点 (0,0,0) および点 (0,1,0) を通り z 軸に平行な 2 本の導線がある．そのそれぞれに，z 軸の正の向きに電流 I_1 [A], I_2 [A] が流れている．点 (0,0,0) および点 (0,1,0) における磁束密度 $\bm{B}_2, \bm{B}_1$ と，これらの場所における電流素片 $d\bm{s}_1, d\bm{s}_2$ に作用する力 $d\bm{F}_1, d\bm{F}_2$ の向きと大きさを求めよ．ただし，座標軸上の距離の単位はメートルとし，真空の透磁率を μ_0 とする．

〔解説〕 磁束密度 B_2, B_1 と電流素片 ds_1, ds_2 に作用する力 dF_1, dF_2 は,図 14.8 のようになる.図より,電流 I_2 が点 $(0,0,0)$ につくる磁束密度 B_2 は x 方向で,式 (14.4) より $B_2 = \left(\dfrac{\mu_0 I_2}{2\pi}, 0, 0\right)$ である.電流 I_1 が $(0,1,0)$ につくる磁束密度 B_1 は $-x$ 方向で,$B_1 = \left(-\dfrac{\mu_0 I_1}{2\pi}, 0, 0\right)$ である.点 $(0,0,0)$ において I_1 の電流素片 ds_1 に作用する力 dF_1 は,y 方向で,$dF_1 = \left(0, \dfrac{\mu_0 I_1 I_2 \, ds_1}{2\pi}, 0\right)$ であり,$(0,1,0)$ において I_2 の電流素片 ds_2 に作用する力 dF_2 は,$-y$ 方向で,$dF_2 = \left(0, -\dfrac{\mu_0 I_1 I_2 \, ds_2}{2\pi}, 0\right)$ である.

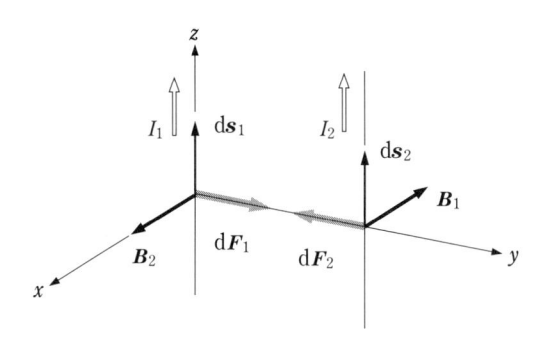

図 14.8

§5 ローレンツ力

磁場中の電流が流れている導線に作用する力は,その中を移動する電荷に作用する力の総和と考えられるので,これから,1 個の電荷 $q\,[\mathrm{C}]$ に作用する力を求めよう.導線内で電荷は速度 $V\,[\mathrm{m/s}]$ で運動すると仮定する.単位長さあたり導線中に含まれる電荷の個数を $N\,[1/\mathrm{m}]$ とすると,導線には $1\,\mathrm{s}$ に $I = NqV\,[\mathrm{A}]$ の電流が流れる.電流素片 ds には式 (14.14) より,

$$dF = I\,ds \times B = NqV\,ds \times B = N\,ds(qV \times B)\,[\mathrm{N}]$$

の力が作用している.この電流素片には $N\,ds$ 個の電荷があるので,電荷 1 個に作用する磁場による力は

$$\frac{dF}{N\,ds} = (qV \times B)\,[\mathrm{N}] \tag{14.15}$$

である．これに電場による力 $F = qE$ を合わせて，

$$F = qE + qV \times B \, [\text{N}] \tag{14.16}$$

を**ローレンツ力**という．導線中を移動する電荷は電子であるが，電子のみならず，すべての荷電粒子と帯電体に対して，作用する力が式 (14.16) で表される．式 (14.16) は，一般に，電荷 q の荷電粒子が電場 E，磁場 B の中を速度 V で運動するときに作用する力を表している．

〔例題 14.4〕 ローレンツ力の応用 (サイクロトロン運動)

z 軸方向の一様な磁束密度 $B = (0, 0, B)$ の中で，点 P(0,0,0) より初速度 $v_0 = (a, 0, b)$ で質量 m，電荷 q の小物体を発射した．この物体の運動を求めよ．ただし，座標軸上の距離の単位はメートルとする．

〔解 説〕 この物体の運動方程式は，

$$F = ma = m\frac{dv}{dt} = q(v \times B) \tag{14.17}$$

となる．成分で書くと (ベクトルの外積：本章のワンポイント参照)，

$$m\frac{dv_x}{dt} = qBv_y \tag{14.18}$$

$$m\frac{dv_y}{dt} = -qBv_x \tag{14.19}$$

$$m\frac{dv_z}{dt} = 0 \tag{14.20}$$

となる．式 (14.18) を微分して，その右辺に式 (14.19) を代入すると，

$$\frac{d^2v_x}{dt^2} = \frac{qB}{m} \cdot \frac{dv_y}{dt} = -\left(\frac{qB}{m}\right)^2 v_x = -\omega^2 v_x \tag{14.21}$$

となり v_x に関する 2 階の常微分方程式を得る．ここで，

$$\omega = \frac{qB}{m} \tag{14.22}$$

とした．これは第 6 章の単振動の微分方程式の式 (6.3) と同じ形をしている．この方程式の一般解は，

$$v_x(t) = C\sin\omega t + D\cos\omega t \tag{14.23}$$

なので，初期条件より，
$$v_x(0) = C\sin 0 + D\cos 0 = D = a \tag{14.24}$$
と D が求まる．また v_x を式 (14.18) に代入して v_y を求めると，
$$v_y(t) = \frac{1}{\omega} \cdot (C\omega\cos\omega t - a\omega\sin\omega t) = C\cos\omega t - a\sin\omega t \tag{14.25}$$
となり，初期条件より，
$$v_y(0) = C\cos 0 - a\sin 0 = C = 0 \tag{14.26}$$
と C が求まる．これを式 (14.23) に代入して積分すると，
$$x(t) = \frac{a}{\omega}\sin\omega t + k_1 \tag{14.27}$$
となる．ここで k_1 は積分定数である．初期条件より，
$$x(0) = \frac{a}{\omega}\sin 0 + k_1 = k_1 = 0 \tag{14.28}$$
と積分定数 k_1 が求まる．$C = 0$ を式 (14.25) に代入して積分すると，
$$y(t) = \frac{a}{\omega}\cos\omega t + k_2 \tag{14.29}$$
となる．ここで k_2 は積分定数である．初期条件より，
$$y(0) = \frac{a}{\omega}\cos 0 + k_2 = \frac{a}{\omega} + k_2 = 0 \tag{14.30}$$
と積分定数 k_2 が求まる．式 (14.20) を積分すると，
$$v_z(t) = k_3 \tag{14.31}$$
となる．ここで k_3 は積分定数である．初期条件より，
$$v_z(0) = k_3 = b \tag{14.32}$$
と積分定数 k_3 が求まる．これを積分すると，
$$z(t) = bt + k_4 \tag{14.33}$$
となる．ここで k_4 は積分定数である．初期条件より，
$$z(0) = b \cdot 0 + k_4 = 0 \tag{14.34}$$
と積分定数 k_4 が求まる．式 (14.27)〜(14.30) と式 (14.33)〜(14.34) より，
$$x(t) = \frac{a}{\omega}\sin\omega t \tag{14.35}$$

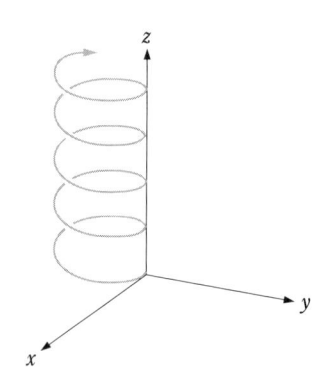

図 14.9

$$y(t) = \frac{a}{\omega}\cos\omega t - \frac{a}{\omega} \tag{14.36}$$

$$z(t) = bt \tag{14.37}$$

となる．これより，電荷 q は，図 14.9 のように，回転運動をしながら，z 方向の初速度 b がゼロでないときには z 軸方向にも等速運動を行い，一般に，らせん状の軌跡を描く．z 方向の初速度 b がゼロのときは，xy 平面上で $\left(0, -\dfrac{a}{\omega}\right)$ を中心とする半径 $\dfrac{a}{\omega}$ の円運動を行う．その角振動数 ω は，式 (14.22) より回転半径 r にも電荷の速度 v にもよらない．ω を **サイクロトロン角振動数** という．

章末問題

14.1 点 P(2,3,0) を通る z 軸に平行な導線に，z 軸の負の向きに 3 A の電流を流した．

(1) 点 Q($x, y, 0$) における磁束密度 $\boldsymbol{B}$ の大きさとその成分を求めよ．

(2) 点 Q($x, y, 0$) を通る z 軸に平行な無限に長い導線に，z 軸の負の向きに 5 A の電流を流したとき，導線の単位長さあたりに作用する力 F を求めよ．ただし，真空の透磁率 μ_0 を $4\pi \times 10^{-7}\,\mathrm{N/A^2}$ とし，座標軸上の距離の単位はメートルとする．

14.2 図 14.10 のように,原点を中心とする半径 2 m の円形の導線に電流 3 A が流れている.導線上の点 (0,2,0) における長さ 0.01 m の微小部分が (0,0,1) につくる微小磁束密度 dB を求めよ.また,この結果を用いて,導線が (0,0,1) につくる磁束密度 B を求めよ.ただし,座標軸上の距離の単位はメートルとし,真空の透磁率を μ_0 とする.

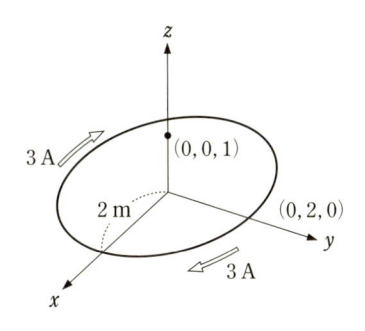

図 14.10

14.3 点 (0,0,0) および点 (3,0,0) を通り z 軸に平行な 2 本の導線がある.そのそれぞれに,z 軸の正および負の向きに電流 I_1 [A] および I_2 [A] が流れている.点 (0,0,0) および点 (3,0,0) における磁束密度 B_2, B_1 と,これらの場所における電流素片 ds_1, ds_2 に作用する力 dF_1, dF_2 の向きと大きさを求めよ.ただし,座標軸上の距離の単位はメートルとし,真空の透磁率を μ_0 とする.

14.4 z 軸方向の一様な磁束密度 $B = (0,0,B)$ の中で,点 P(0,0,0) より初速度 $v_0 = (0,a,0)$ で質量 m,電荷 q の小物体を発射した.この物体の運動を求めよ.ただし,座標軸上の距離の単位はメートルとする.

> **One Point**:ベクトルの外積
>
> 図 14.11 のように平行でない 2 つのベクトルを A, B とすると,A, B を隣り合う 2 辺とする平行四辺形ができる.これから,
> (1) 大きさは,この平行四辺形の面積の値に等しい.
> (2) 向きは,この平行四辺形の面に垂直であり平行四辺形の中で A を B まで右ねじ

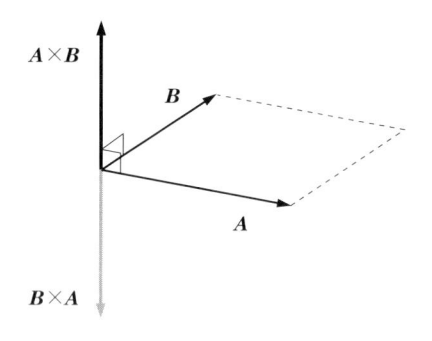

図 14.11 ベクトルの外積

の回転の向きにまわすときのねじの進む向きである．
の 2 条件を満たすベクトルをつくる．このように A, B よりつくられた新たなベクトルを A と B の**外積**といい，

$$A \times B \tag{14.38}$$

で表す．外積の大きさは，

$$|A \times B| = AB\sin\theta \tag{14.39}$$

である．ここで，A, B はベクトル A, B の大きさ，θ は A, B のなす角 (ただし，$0 \leq \theta \leq \pi$) である．ベクトル A, B の成分が $A = (A_x, A_y, A_z)$, $B = (B_x, B_y, B_z)$ のとき，外積 $A \times B$ の成分は，

$$(A_y B_z - A_z B_y, A_z B_x - A_x B_z, A_x B_y - A_y B_x) \tag{14.40}$$

と表される．

では，$B \times A$ はどうなるのだろうか？ 図 14.11 を見て「B を A まで右ねじの回転の向きにまわすと，まわす角度が π 以上になる」とか，「そうならないためには，左ねじでまわさないといけないのではないか？」などと心配する人がいるかもしれない．しかし，心配は無用である．この平行四辺形を裏から見てみよう．ちゃんと右ねじの角度が π 以内で B を A までまわせる．この場合，面を裏から見ているので，平行四辺形の面に垂直な方向 (ねじの進む向き) が逆転している．つまり，$B \times A = -A \times B$ である．このことは，外積の成分の式 (14.40) で A と B を入れ替えて計算しても確かめられる．

One Point：勾配，電位，電場

半径 1 のツルツルした半球を机の上に置いて，その上にアリをのせてみよう．これを上と横から眺めると図 14.12, 14.13 のようになる．点 $A\left(\frac{1}{2}, 0, \frac{\sqrt{3}}{2}\right)$ のアリは x 方向へ，点 $B\left(0, \frac{1}{2}, \frac{\sqrt{3}}{2}\right)$ のアリは y 方向へ滑り出す．球面の方程式は $x^2 + y^2 + z^2 = 1$ なので，上半球面は $z = f(x,y) = \sqrt{1 - x^2 - y^2}$ と表される．f を x と y の関数と考えて x と y で偏微分すると，x 方向の傾き $\frac{\partial f}{\partial x}$，$y$ 方向の傾き $\frac{\partial f}{\partial y}$ が求まり，

$$\frac{\partial f}{\partial x} = \frac{1}{2} \cdot \frac{-2x}{\sqrt{1-x^2-y^2}} \tag{14.41}$$

$$\frac{\partial f}{\partial y} = \frac{1}{2} \cdot \frac{-2y}{\sqrt{1-x^2-y^2}} \tag{14.42}$$

となる．点 A での傾きは $\left(\frac{\partial f}{\partial x}, \frac{\partial f}{\partial y}\right) = \left(\frac{-1}{\sqrt{3}}, 0\right)$ となり，x 方向の傾き $\frac{\partial f}{\partial x}$ がマイナスとなるので，アリは x のプラスの方向へ滑り出す．

一般に，2 次元や 3 次元の空間中で定義された関数 $f(x,y)$ や $g(x,y,z)$ に対し，

$$\mathrm{grad}\, f = \left(\frac{\partial f}{\partial x}, \frac{\partial f}{\partial y}\right) \quad (2\text{次元}), \quad \mathrm{grad}\, g = \left(\frac{\partial g}{\partial x}, \frac{\partial g}{\partial y}, \frac{\partial g}{\partial z}\right) \quad (3\text{次元})$$

で表されるベクトルを，関数 f, g の**勾配** (gradient) という．

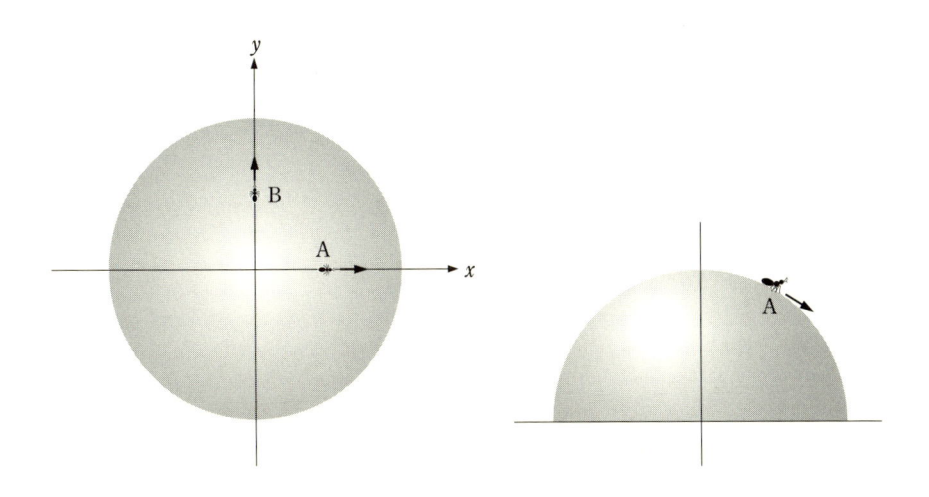

図 14.12　上からみたアリ

図 14.13　横からみたアリ

第 13 章で見たように，**電位**(静電ポテンシャル)ϕ を座標の各成分で微分して電位の勾配 $\left(\dfrac{\partial \phi}{\partial x}, \dfrac{\partial \phi}{\partial y}, \dfrac{\partial \phi}{\partial z}\right)$ を求め，それにマイナスをつけると，**電場** が

$$\bm{E} = (E_x, E_y, E_z) = -\operatorname{grad}\phi = -\left(\frac{\partial \phi}{\partial x}, \frac{\partial \phi}{\partial y}, \frac{\partial \phi}{\partial z}\right) \qquad (14.43)$$

と表せる．点電荷 q には電場 $\bm{E}$ により $\bm{F} = q\bm{E} = -q\left(\dfrac{\partial \phi}{\partial x}, \dfrac{\partial \phi}{\partial y}, \dfrac{\partial \phi}{\partial z}\right)$ の力が作用する．

🔴 One Point：発散，ガウスの定理，ガウスの法則

温泉が湧き出している川の中で，図 14.14 のように座標系をとり，微小体積が $\mathrm{d}x\,\mathrm{d}y\,\mathrm{d}z$ の直方体の領域を考えよう．いま，x 方向に水の流れがあるとする．後面 A での流速は $V_x(0)\,[\mathrm{m/s}]$，前面 B での流速は，

$$V_x(\mathrm{d}x) = V_x(0) + \frac{\partial V_x}{\partial x}\,\mathrm{d}x\,[\mathrm{m/s}] \qquad (14.44)$$

である．ここで，右辺はテイラー展開による近似を用いて導いた．面を横切る水の流出量と流入量 (次元は $[\mathrm{m}^3/\mathrm{s}]$) は，流速 $[\mathrm{m/s}]$ に面の面積 $[\mathrm{m}^2]$ をかけると求まる．この差は領域内の総湧き出し量 $Q\,[\mathrm{m}^3/\mathrm{s}]$ で，式 (14.44) から

$$Q = V_x(\mathrm{d}x)\,\mathrm{d}y\,\mathrm{d}z - V_x(0)\,\mathrm{d}y\,\mathrm{d}z = \frac{\partial V_x}{\partial x}\,\mathrm{d}x\,\mathrm{d}y\,\mathrm{d}z \qquad (14.45)$$

と表せる．もし，y 方向や z 方向にも流れの成分があるときは，上下左右の面を通る y 方向や z 方向の流出量と流入量を考慮して，この領域内の総湧き出し量 Q は，

$$Q = \left(\frac{\partial V_x}{\partial x} + \frac{\partial V_y}{\partial y} + \frac{\partial V_z}{\partial z}\right)\mathrm{d}x\,\mathrm{d}y\,\mathrm{d}z \qquad (14.46)$$

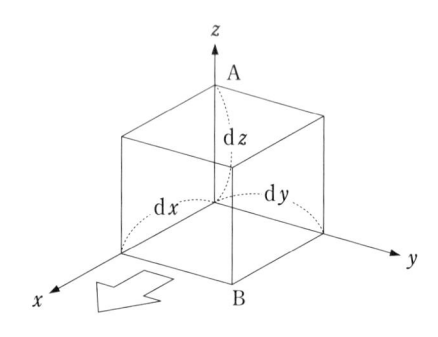

図 14.14 川の中の座標系

となる．湧き出し密度(単位体積あたりの湧き出し量)$\rho\,[1/s]$はQを体積$dx\,dy\,dz$で割り，

$$\rho = \left(\frac{\partial V_x}{\partial x} + \frac{\partial V_y}{\partial y} + \frac{\partial V_z}{\partial z}\right) \tag{14.47}$$

となる．直方体でない一般の領域では，総湧き出し量Qは湧き出し密度ρを体積分して，

$$Q = \int \left(\frac{\partial V_x}{\partial x} + \frac{\partial V_y}{\partial y} + \frac{\partial V_z}{\partial z}\right) dx\,dy\,dz = \int V_n\,dS \tag{14.48}$$

と表される．ここで，V_nは領域の境界面における$\boldsymbol{V}$の外向き垂直方向の成分である．式(14.48)の右の等号で表されるように，湧き出した温泉は結局，領域の境界面を通って中から外に出るので，総湧き出し量Qは境界面における流速V_nの面積分としても計算できることを用いている．一般に，ベクトル$\boldsymbol{V}$の各成分をV_x,V_y,V_zとするとき，

$$\frac{\partial V_x}{\partial x} + \frac{\partial V_y}{\partial y} + \frac{\partial V_z}{\partial z} = \mathrm{div}\,\boldsymbol{V} \tag{14.49}$$

を$\boldsymbol{V}$の**発散**(divergence)といい，これを$\mathrm{div}\,\boldsymbol{V}$で表す．発散は物理的には流れの湧き出し密度に対応している．発散が負のときは負の湧き出し密度，つまり流れが吸い込まれている事を意味している．

式(14.48)を数学の定理として述べておこう．

「図14.15のように，閉じた曲面Sで囲まれた領域Aにおいて，ベクトル$\boldsymbol{V}$のSの外向き垂直方向成分をV_nとすると，

$$\int_S V_n\,dS = \int_A \mathrm{div}\,\boldsymbol{V}\,dx\,dy\,dz \quad \left(= \int_S \boldsymbol{V}\cdot d\boldsymbol{S}\right) \tag{14.50}$$

が成り立つ」．これを**ガウスの定理**という．この定理には，面積分を体積分に直せる(逆もできる)という効用がある．ここでは，定理の証明は行わず，式(14.50)の両辺の具体的計算法を示そう．

式(14.50)の左辺の面積分は，面を多数の小区間に分割し，$\boldsymbol{V}$の小区間iの外向き垂直方向成分V_{ni}と小区間iの面積dS_iの積をとり，総和したものを考え，分割をより細

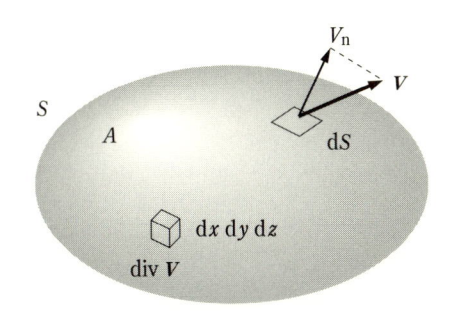

図 14.15

かくした極限をとったもの，

$$\int_S V_n \, dS = \lim_{m \to \infty} \sum_{i=1}^{m} V_{ni} \, dS_i \tag{14.51}$$

として計算する．小区間 i でのベクトル $\bm{V}_i$ と (大きさは小区間 i の面積の値 dS_i に等しく) 小区間 i の面に外向きで垂直なベクトル $d\bm{S}_i$ との内積は，

$$\bm{V}_i \cdot d\bm{S}_i = V_{ni} \, dS_i \tag{14.52}$$

なので，同様の極限をとった，

$$\int_S \bm{V} \cdot d\bm{S} = \lim_{m \to \infty} \sum_{i=1}^{m} \bm{V}_i \cdot d\bm{S}_i \quad \left(= \int_S V_n \, dS \right) \tag{14.53}$$

も式 (14.50) と同じ値が得られる．

式 (14.50) の右辺の体積分は，領域を多数の小領域に分割し，小領域 i での $(\mathrm{div}\, \bm{V})_i$ と小領域の体積 $(dx\,dy\,dz)_i$ の積をとり，それを総和したものを考え，分割をより細かくした極限をとったもの，

$$\int_A \mathrm{div}\, \bm{V} \, dx\,dy\,dz = \lim_{m \to \infty} \sum_{i=1}^{m} (\mathrm{div}\, \bm{V})_i (dx\,dy\,dz)_i \tag{14.54}$$

として計算する．上記のどちらの方法で計算しても同じ値が得られることを，定理は述べている．この定理を使って，電場と電荷密度の関係を表したのが、次のガウスの法則である．

「図 14.16 のように，閉じた曲面 S で囲まれた領域 A において，**電荷が電荷密度 $\rho(x)$ で分布しているとき，電場のベクトル $\bm{E}$ の，S の外向き垂直方向成分を E_n とすると，**

$$\int_S E_n \, dS = \int_A \mathrm{div}\, \bm{E} \, dx\,dy\,dz = \frac{1}{\varepsilon_0} \int_A \rho(x) \, dx\,dy\,dz \tag{14.55}$$

が成り立つ」．これを **ガウスの法則 (積分形)** という．式 (14.55) の左の等号はガウスの定理そのものである．右の等号は，「$\mathrm{div}\, \bm{E}$ を体積分した値が電荷密度 ρ を体積分した

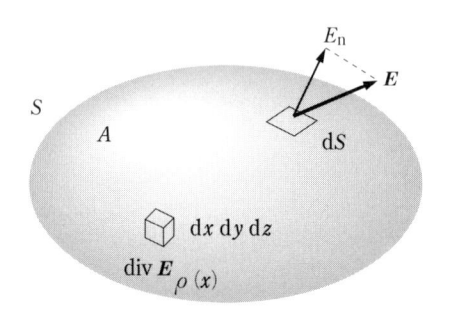

図 14.16

値の $1/\varepsilon_0$ 倍に等しい」という，電場 $\boldsymbol{E}$ と電荷密度 ρ の物理量どうしの関係式 (**法則**) になっている．ガウスの法則をガウスの定理 (式 (14.50)) と比べて，何が意味的にプラスされたかを自ら考えてもらいたい．「物理学とは数学の言葉を借りて世界を語ることである」とは言い過ぎであろうか？

ところで，式 (14.55) の体積分どうしの右の等号は，どんな領域 A でも成り立つので，体積分される関数どうしが等しいことを意味し，

$$\mathrm{div}\,\boldsymbol{E}(x) = \frac{\rho(x)}{\varepsilon_0} \tag{14.56}$$

である．これを **ガウスの法則 (微分形)** といい，第 16 章で紹介するマクスウェルの方程式の 1 つである．

💡 One Point：回転，ストークスの定理，アンペールの法則

図 14.17 のように，xy 平面内において，y 方向へ向いているが大きさが一様でない水の流れがあるときの，原点 O に置いた表面に摩擦がある微小な半径 d の円筒の回転を考えてみよう．この円筒は，円筒の右側の流速が左側の流速より大きいとき，つまり，

$$V_y(d,0) - V_y(-d,0) = \frac{\partial V_y}{\partial x}(2d) \tag{14.57}$$

が正のときに反時計まわりに回転する．ここで，右辺はテイラー展開による近似を用いて導いた．同様に，x 方向へ向いているが大きさが一様でない水の流れがあるときも回転が起きる．反時計まわりに回転するときは，円筒の下側の流速が上側の流速より大きいとき，つまり，

$$V_x(0,-d) - V_x(0,d) = -(V_x(0,d) - V_x(0,-d)) = -\frac{\partial V_x}{\partial y}(2d) \tag{14.58}$$

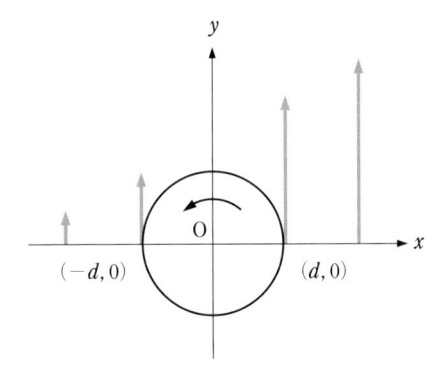

図 **14.17** 水の流れと円筒

が正のときである．一般の流れは x 方向と y 方向の成分をもっているので，式 (14.57) と式 (14.58) の和が正であれば，反時計まわりに回転しようとする．円筒表面の速さは，式 (14.57) と式 (14.58) の和の半分で表される．このとき，流れの速度と円筒表面の速度の差の，円筒の全表面にわたる平均をとるとゼロとなる．円筒の角速度 ω はそれを半径 d で割り，

$$\omega = \frac{1}{d}\left(\frac{\partial V_y}{\partial x}d - \frac{\partial V_x}{\partial y}d\right) = \left(\frac{\partial V_y}{\partial x} - \frac{\partial V_x}{\partial y}\right) \tag{14.59}$$

と表される．式 (14.59) より $\left(\dfrac{\partial V_y}{\partial x} - \dfrac{\partial V_x}{\partial y}\right)$ がゼロでないときは，円筒が角速度 ω で回転することを意味している．ところで，この xy 平面に置いた円筒の回転軸の方向 (z 軸) を向き，大きさ ω のベクトル，

$$\left(0, 0, \frac{\partial V_y}{\partial x} - \frac{\partial V_x}{\partial y}\right) \tag{14.60}$$

を考える．同様に，yz 平面に置いた別の円筒の回転軸 (x 軸) の方向を向くベクトル，

$$\left(\frac{\partial V_z}{\partial y} - \frac{\partial V_y}{\partial z}, 0, 0\right) \tag{14.61}$$

を考える．同様に，xz 平面に置いた別の円筒の回転軸 (y 軸) の方向を向くベクトル，

$$\left(0, \frac{\partial V_x}{\partial z} - \frac{\partial V_z}{\partial x}, 0\right) \tag{14.62}$$

を考える．これより，式 (14.60)〜(14.62) で表される 3 個のベクトルの和，

$$\left(\frac{\partial V_z}{\partial y} - \frac{\partial V_y}{\partial z}, \frac{\partial V_x}{\partial z} - \frac{\partial V_z}{\partial x}, \frac{\partial V_y}{\partial x} - \frac{\partial V_x}{\partial y}\right)$$

が考えられる．一般に，3 次元のベクトル $\boldsymbol{V} = (V_x, V_y, V_z)$ に対し，

$$\left(\frac{\partial V_z}{\partial y} - \frac{\partial V_y}{\partial z}, \frac{\partial V_x}{\partial z} - \frac{\partial V_z}{\partial x}, \frac{\partial V_y}{\partial x} - \frac{\partial V_x}{\partial y}\right) = \operatorname{rot} \boldsymbol{V} \tag{14.63}$$

で表されるベクトルを，$\boldsymbol{V}$ の **回転** (rotation) または **渦度** といい rot $\boldsymbol{V}$ で表す．rot $\boldsymbol{V} \neq 0$ のときは，ベクトル場 $\boldsymbol{V}$ には，rot $\boldsymbol{V}$ ベクトルの方向を軸とし，その大きさに比例する回転があると思ってもよいし，この回転を成分ごとに分けて，x 軸，y 軸，z 軸を回転軸とする 3 個の微小な円筒があって，それぞれの回転の角速度が式 (14.63) の各成分で表されると考えてもよい．最初の円筒の例は xy 平面上の回転であり，回転軸は z 軸なので式 (14.59) は rot $\boldsymbol{V}$ の z 成分として表される．物理的には，流れの場に回転運動や渦運動がある場合は，その回転 (rot $\boldsymbol{V}$) はゼロではない値をもつ．

ここで，回転を使った数学の定理を紹介しよう．

「図 14.18 のように，閉じた曲線 C をふちとする曲面 S を考える．C に沿った線積分の向きに右ねじをまわしたとき，ねじが進む向きを面の表とする．このとき，

$$\int_{\mathrm{C}} V_s \, \mathrm{d}s = \int_{\mathrm{S}} (\operatorname{rot} \boldsymbol{V})_{\mathrm{n}} \, \mathrm{d}S \quad \left(= \int_{\mathrm{C}} \boldsymbol{V} \cdot \mathrm{d}\boldsymbol{s}\right) \tag{14.64}$$

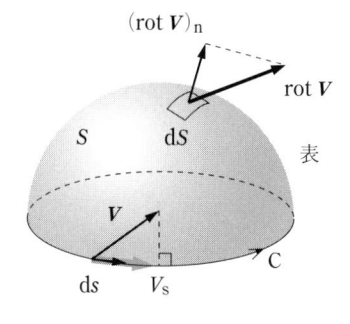

図 14.18

となる．ここで V_s は，C 上におけるベクトル $\boldsymbol{V}$ の C への接線成分であり，$(\mathrm{rot}\,\boldsymbol{V})_\mathrm{n}$ は，S 上における $\mathrm{rot}\,\boldsymbol{V}$ の S の表への垂直な成分である」．これを**ストークスの定理**という．この定理には，線積分を面積分に直せる (逆もできる) という実用的な効用がある．ここでは，定理の証明は行わず，式 (14.64) の両辺の具体的計算法を示そう．

式 (14.64) の左辺の線積分は，曲線を多数の小区間に分割し，$\boldsymbol{V}$ の小区間 i での接線成分 V_{si} と小区間 i の微小な線素の長さ $\mathrm{d}s_i$ の積をとり，総和したものを考え，分割を細かくした極限をとったもの，

$$\int_\mathrm{C} V_s\,\mathrm{d}s = \lim_{m\to\infty} \sum_{i=1}^m V_{si}\,\mathrm{d}s_i \tag{14.65}$$

である．小区間 i でのベクトル $\boldsymbol{V}_i$ と向きを持った線素ベクトル $\mathrm{d}\boldsymbol{s}_i$ の内積は

$$\boldsymbol{V}_i \cdot \mathrm{d}\boldsymbol{s}_i = V_{si}\,\mathrm{d}s_i \tag{14.66}$$

なので，同様の極限をとった

$$\int_\mathrm{C} \boldsymbol{V}\cdot \mathrm{d}\boldsymbol{s} = \lim_{m\to\infty}\sum_{i=1}^m \boldsymbol{V}_i\cdot\mathrm{d}\boldsymbol{s}_i \quad \left(=\int_\mathrm{C} V_s\,\mathrm{d}s\right) \tag{14.67}$$

も式 (14.64) と同じ値が得られる．

式 (14.64) の右辺の面積分は

$$\int_\mathrm{S} (\mathrm{rot}\,\boldsymbol{V})_\mathrm{n}\,\mathrm{d}S = \int_\mathrm{S} \mathrm{rot}\,\boldsymbol{V}\cdot\mathrm{d}\boldsymbol{S} \tag{14.68}$$

と書き直すことができる．この面積分の計算方法は，ガウスの定理における面積分の議論を参考に，各自で考えてみよう．ストークスの定理を使って，磁束密度 $\boldsymbol{B}$ と伝導電流密度 $\boldsymbol{i}$ の関係を表したのが，次のアンペールの法則である．

「図 14.19 のように，閉じた曲線 C をふちとする曲面 S を考える．**この面上で電流が電流密度** $\boldsymbol{i}(x)$ **で分布しているとする**．C に沿った線積分の向きに右ねじをまわした

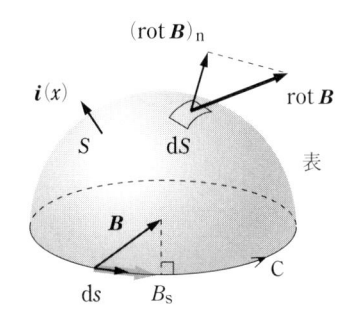

図 14.19

とき，ねじが進む向きを面の表とする．このとき，

$$\int_C B_s \, ds = \int_S (\text{rot}\,\boldsymbol{B})_n \, dS = \mu_0 \int_S i_n \, dS \quad \left(= \mu_0 \int_S \boldsymbol{i} \cdot d\boldsymbol{S}\right) \tag{14.69}$$

となる．ここで B_s は C 上におけるベクトル $\boldsymbol{B}$ の C への接線成分であり，$(\text{rot}\,\boldsymbol{B})_n$, i_n は S 上における $\text{rot}\,\boldsymbol{B}$, $\boldsymbol{i}$ の S の表への垂直な成分である」．これを**アンペールの法則 (積分形)** という．式 (14.69) の左の等号はストークスの定理そのものである．右の等号は，「$\text{rot}\,\boldsymbol{B}$ を面積分した値が電流密度 $\boldsymbol{i}(x)$ を面積分した値の μ_0 倍に等しい」という磁束密度 $\boldsymbol{B}$ と電流密度 $\boldsymbol{i}$ の物理量どうしの関係式 (法則) である．右の等号は任意の面上で成り立つので，面積分される関数どうしが等しく，

$$(\text{rot}\,\boldsymbol{B})_n = \mu_0 i_n \tag{14.70}$$

が成り立ち，これから

$$\text{rot}\,\boldsymbol{B} = \mu_0 \boldsymbol{i} \tag{14.71}$$

も成り立つ．式 (14.70) を**アンペールの法則 (微分形)** という．

第 15 章

時間的に変化する電場と磁場

　第13章と第14章では，電場や磁場が時間的に変化しない場合について調べた．この章では，電場や磁場が時間的に変化する場合について調べてみよう．

§1　ファラデーの電磁誘導の法則

　磁場の変化によって電気回路に起電力が生じ電流が流れる現象を **電磁誘導** といい，これを発見したのはファラデーである．この現象の例を図 15.1 に示す．

　図 (a) では，2個のコイルが固定してあり，コイル2のスイッチのオン/オフ時のみにコイル1に電流が流れる．図には，オンの瞬間の電流の向きをコイル1の上に示している．コイル2に定常電流を流してもコイル1に電流は生じない．図 (b) では，定常電流を流したままのコイル2をコイル1に近づけたとき，コイル1に電流が流れる．図 (c) では，永久磁石をコイル1に近づけたとき，コイル1に電流が流れる．これらをまとめると，コイル1のまわりの磁場が時間変化したときに，この変化を妨げるようにコイル1に電流が流れている．電流が流れるのはコイル1に起電力 V が生じたためである．起電力 V は，コイルの

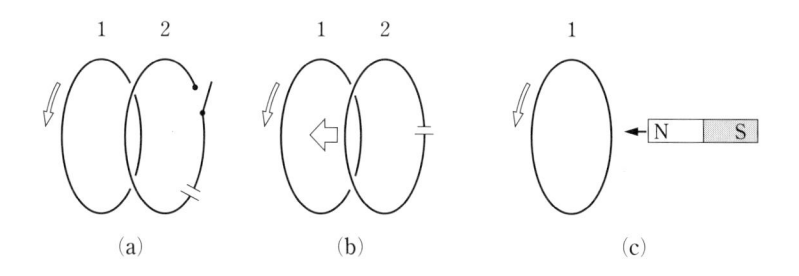

図 15.1　電磁誘導現象

接線方向への電場の成分 E_s を線積分したもの，$V = \int E_s \, \mathrm{d}s \left(= \int \boldsymbol{E} \cdot \mathrm{d}\boldsymbol{s} \right)$ である．この起電力は磁束の時間的な変化率に比例（−1 倍）している．ここで，**磁束**という物理量を導入したが，これはコイルを通過する磁束密度 B の総量，つまりコイルをふちとする面で磁束密度を面積分した量，

$$\phi = \int B_\mathrm{n} \, \mathrm{d}S \quad \left(= \int \boldsymbol{B} \cdot \mathrm{d}\boldsymbol{S} \right) \tag{15.1}$$

である．B_n は面の垂直方向への磁束密度 $\boldsymbol{B}$ の成分である．磁束 ϕ の単位はウェーバー（Wb = T・m^2：第 13 章のコーヒーブレイク参照）である．以上のことを式にまとめると，図 15.2 の閉じたコイル C に生じる起電力を V，C をふちとする面を通過する磁束を ϕ とすると，起電力 V はこれを時間で微分した，

$$V = -\frac{\mathrm{d}\phi}{\mathrm{d}t} \tag{15.2}$$

となる．これを**ファラデーの電磁誘導の法則**という．ここで，磁束と起電力の向きは，右ねじの進む方向に C を貫く磁束をとり，右ねじの回転の向きで C に沿っての起電力を測るものとする．

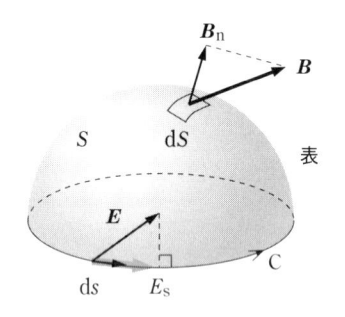

図 15.2　電磁誘導の法則

[例題 15.1]　磁束の変化率と起電力

図 15.3 に示すように，一様な磁束密度 B [T] の磁場中に距離 L [m] 離れた平行な導線があり，AO は抵抗 R [Ω] で固定されていて，CD は導線で自由に動く．導線 CD を速度 U [m/s] で動かすとき，この回路に生じる起電力と電流の大きさとその向きを求めよ．

〔解 説〕　回路の面積は 1 s に $UL\,[\mathrm{m}^2/\mathrm{s}]$ 増加する．磁束の変化率は，これに磁束密度 B をかけて $UBL\,[\mathrm{Wb/s}]$ である．したがって，起電力 V は $V = -UBL\,[\mathrm{V}]$ となる．電流は起電力を抵抗 R で割り $I = \dfrac{UBL}{R}\,[\mathrm{A}]$ となる．この電流は，A から O の方向に流れて，回路のつくる面を下向きに横切る磁束を発生させ，回路を横切る上向きの磁束の増加を妨げようとする．

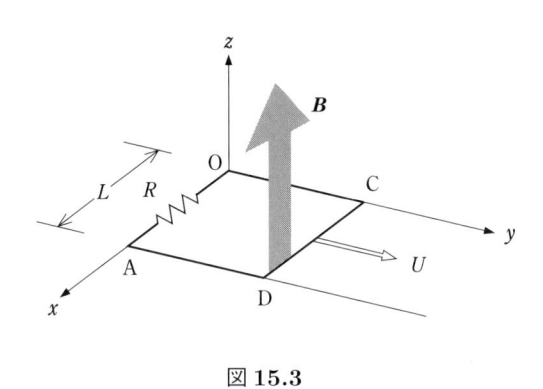

図 15.3

§2　変位電流

図 15.4 のように，コンデンサーに交流電源をつないだ回路を考えよう．電源とコンデンサーの電極をつなぐ導線は電荷を運んでいるので，確かに電流が流れているといえる．しかし，コンデンサーの電極間では電荷が動いていないので，「ここに電流が流れていないのに，なぜ回路に電流が流れるのか？」と不思議に思ったことはないだろうか．

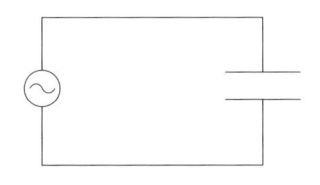

図 15.4

実は、電流は「ある意味」で流れているのである．コンデンサーの極板の面積を $S\,[\mathrm{m}^2]$，交流電源の電圧を $V(t)\,[\mathrm{V}]$ とすれば，電極間の電場 $E(t) = \dfrac{V(t)}{d}\,[\mathrm{V/m}]$ も時間的に変化して，極板には，

$$Q(t) = E(t) S \varepsilon_0 \,[\mathrm{C}] \tag{15.3}$$

の電荷が生じている．ここで，ε_0 は真空の誘電率である．電荷の時間変化は電流で，

$$I = \frac{\mathrm{d}Q(t)}{\mathrm{d}t} = S \frac{\mathrm{d}}{\mathrm{d}t}(\varepsilon_0 E(t))\,[\mathrm{A}] \tag{15.4}$$

となる．これから，電荷による伝導電流 I は，コンデンサーの電極間の電場 $E(t)$ の時間微分に比例する $S\dfrac{\mathrm{d}}{\mathrm{d}t}(\varepsilon_0 E(t))$ という量に等しい．当然，この両者の物理量の次元も同じである．したがって，コンデンサーの電極間では $S\dfrac{\mathrm{d}}{\mathrm{d}t}(\varepsilon_0 E(t))$ という仮想的な電流 (これを **変位電流** という) が流れていると考えれば都合がよい．これをコンデンサーの電極の面積で割った $\dfrac{\mathrm{d}}{\mathrm{d}t}(\varepsilon_0 E)$ を **変位電流密度** と呼ぶ．変位電流は，はじめは仮説であった．しかし，「電流は電荷の運動である」から「磁場をつくれるものは電流とみなす」と電流の概念を拡張すれば，$S\dfrac{\mathrm{d}}{\mathrm{d}t}(\varepsilon_0 E(t))$ は第 16 章の式 (16.4) で見るように磁場をつくるので，「電流」の名前が与えられる資格がある．また，変位電流を含んだマクスウェルの方程式 (第 16 章参照) から電磁波の存在が予言され，実験でも確かめられたので，変位電流の実在および有用性が明らかとなった．

新しい概念 (仮説) は，それまでの古い概念と矛盾なく整合し，あるいは古い概念を包含し，古い概念のみでは解決できない問題を解決できたり，新しい現象を予言したり実証できたときに，はじめて確固たる位置を占めることができる．これが科学の進歩である．

章 末 問 題

15.1 図 15.1 において

(1) (a) においてコイル 2 のスイッチをオンからオフにしたときコイル 1 に流れる電流の向きを求め，ファラデーの電磁誘導の法則を用いて理由を述べよ．

(2) (b) においてコイル 2 をコイル 1 から遠ざけるときコイル 1 に流れる電流の向きを求め，ファラデーの電磁誘導の法則を用いて理由を述べよ．

15.2 図 15.5 に示すように，xy 面上に一辺の長さが $2\,\mathrm{m}$ の正方形のコイルがあり，コイルの抵抗は $10\,\Omega$ とする．z 方向の磁束密度 B が $B = 2\sin(50t)$ で変化するとき，この回路に生じる起電力と電流を求めよ．

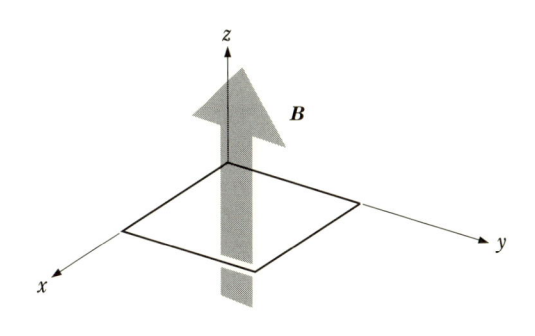

図 15.5

第 16 章

電磁場の方程式

§1 マクスウェルの方程式 (微分形)

電磁現象は**マクスウェルの方程式**と呼ばれる 4 個の方程式で記述される．真空中で電荷が運動しているとき，電場や磁場の振る舞いを記述するマクスウェルの方程式 (微分形) は，

$$\mathrm{div}\, \varepsilon_0 \boldsymbol{E} = \rho \tag{16.1}$$

$$\mathrm{div}\, \boldsymbol{B} = 0 \tag{16.2}$$

$$\mathrm{rot}\, \boldsymbol{E} = -\frac{\partial \boldsymbol{B}}{\partial t} \tag{16.3}$$

$$\mathrm{rot}\, \boldsymbol{B} = \varepsilon_0 \mu_0 \frac{\partial \boldsymbol{E}}{\partial t} + \mu_0 \boldsymbol{i} \tag{16.4}$$

と表される．ここで $\boldsymbol{E}$ と $\boldsymbol{B}$ は電場と磁場，ρ と $\boldsymbol{i}$ は電荷密度 (単位体積あたりの電荷量) と電流密度 (単位面積あたりの電流)，ε_0 と μ_0 は真空の誘電率と透磁率である．

これらの式の意味を考えてみよう．式 (16.1) の左辺の $\mathrm{div}(\varepsilon_0 \boldsymbol{E})$ はベクトル $\varepsilon_0 \boldsymbol{E}$ の発散と呼ばれる量 (第 14 章のワンポイント参照) で，これが右辺の電荷密度 ρ に等しいことを述べている．時間的に変化しない電場では電荷から電気力線が湧き出していることを思い出して，水の流れと対応させると，ベクトル $\varepsilon_0 \boldsymbol{E}$ が流速に対応し，電荷密度 ρ が湧き出し密度に対応している．

式 (16.1) から**クーロンの法則**を導くことができる．図 16.1 のように，電荷が座標系の原点 O の近傍に局在しているとき，式 (16.1) の両辺を，電荷をすべて含む原点 O を中心とする大きな半径 r の球で体積分する．式 (16.1) の右辺は電荷密度 ρ を体積分するので，球が含む総電荷 q は，

図 16.1

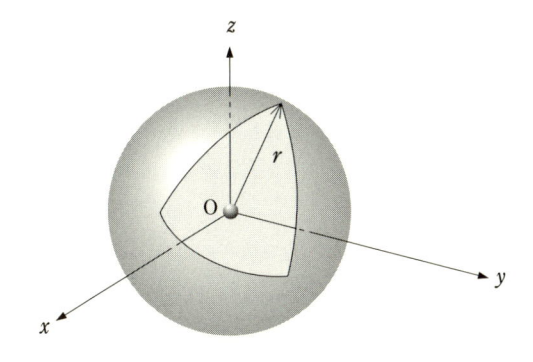

$$q = \int \rho \, dV \ [\mathrm{C}] \tag{16.5}$$

となる.一方,式 (16.1) の左辺はガウスの定理 (第 14 章のワンポイント参照) から,

$$\int \mathrm{div}\, \varepsilon_0 \boldsymbol{E} \, dV = \int \varepsilon_0 E_\mathrm{n} \, dS = \varepsilon_0 E(r) 4\pi r^2 \tag{16.6}$$

と体積分が面積分で書き直せる (左の等号).そこでは,球面上の電場 $\boldsymbol{E}$ の面に対する垂直外向き成分 E_n を ε_0 倍して面積分している.このとき,半径 r の球面上では電場はつねに面に垂直で,その大きさは $E_\mathrm{n} = E(r)$ (r のみの関数で面上では一定値をとる) とみなせるので,面積分は $\varepsilon_0 E(r)$ に球の表面積 $4\pi r^2$ をかけたものになる.この両者が等しいので $q = \varepsilon_0 E(r) 4\pi r^2$ となる (右の等号).これは,電場の大きさ $E(r)$ の ε_0 倍 (流速) に球の表面積 $4\pi r^2$ をかけると総電荷 (総湧き出し量)q に等しいことを意味し,ここからクーロンの法則,

$$E(r) = \frac{q}{4\pi \varepsilon_0 r^2} \ [\mathrm{V/m}] \tag{16.7}$$

が導ける.電磁気学は抽象的で難しいといわれるが,見慣れたものをイメージしながら考えると理解しやすい場合がある.今の場合は,水の流速と湧き出し密度を電場 $\boldsymbol{E}$ の ε_0 倍と電荷密度 ρ に対応させた.その理由は,水の流れを記述する式と電場を記述する式が似た形をしているので,アナロジー (類比して考えること) が成り立つからである.

2 番目の式 (16.2) を考えよう.左辺の $\mathrm{div}\, \boldsymbol{B}$ はベクトル $\boldsymbol{B}$ の発散と呼ばれ

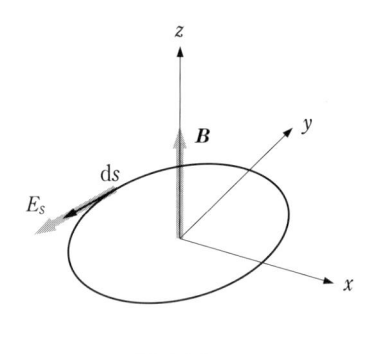

図 16.2

る量である．今度は，水の流速を磁場 $\boldsymbol{B}$ と対応させてみよう．右辺は，湧き出し密度に対応する磁荷密度がゼロであることを述べている．実験的にも磁荷は見つかっていない．**磁場は磁荷からの湧き出しでつくられているのではない**ことを式 (16.2) は意味している．この点が電場と違う点である．

3 番目の式 (16.3) を考えよう．図 16.2 のように時間的に変化する z 方向の磁場 $B(t)$ があり，それに垂直な xy 平面上で半径 R の円を考えてみよう．式 (16.3) の右辺を円上で面積分してみると，

$$-\int \frac{\partial \boldsymbol{B}}{\partial t} \cdot \mathrm{d}\boldsymbol{S} = -\frac{\partial}{\partial t}\int \boldsymbol{B}(t) \cdot \mathrm{d}\boldsymbol{S} = -\frac{\partial}{\partial t}\phi(t) \tag{16.8}$$

となり，円を横切る磁束 $\phi(t)$ の時間変化のマイナスになる．式 (16.3) の左辺を面積分すると，ストークスの定理 (第 14 章のワンポイント参照) から，

$$\int \mathrm{rot}\,\boldsymbol{E} \cdot \mathrm{d}\boldsymbol{S} = \int E_s\,\mathrm{d}s \quad \left(= \int \boldsymbol{E} \cdot \mathrm{d}\boldsymbol{s}\right) \tag{16.9}$$

となる．円上の $\mathrm{rot}\,\boldsymbol{E}$ の面積分は，円周上での電場 E の反時計まわりの円周方向の成分 E_s の線積分，つまり円周方向の電場を積分した量 (起電力) になる．したがって，空間中に円形の導線を置いた場合，式 (16.9) で表される起電力によって導線に流れる電流は，式 (16.8) で表されるように，円を横切る磁束の変化を妨げるように流れる．これは**ファラデーの電磁誘導の法則**を意味している．

4 番目の式 (16.4) を考えよう．図 16.3 のように，xy 平面上で半径 R の円を考えてみよう．式 (16.4) の右辺第 1 項は変位電流密度の μ_0 倍を表し，右辺第

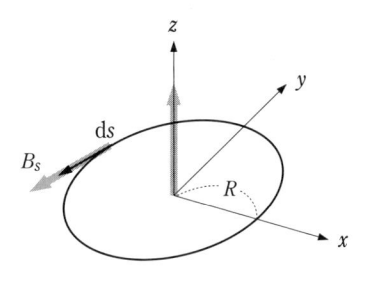

§2 真空中のマクスウェルの方程式 (微分形)　　161

図 16.3

2 項は伝導電流密度の μ_0 倍を表している．この 2 つの電流密度の和を円上で面積分すると，円を横切る電流の総和が求まる．左辺の面積分はストークスの定理から，

$$\int \mathrm{rot}\, \boldsymbol{B} \cdot \mathrm{d}\boldsymbol{S} = \int B_s\, \mathrm{d}s \quad \left(= \int \boldsymbol{B} \cdot \mathrm{d}\boldsymbol{s} \right) \tag{16.10}$$

となり，円上の $\mathrm{rot}\, \boldsymbol{B}$ の面積分は，円周上での磁束密度 $\boldsymbol{B}$ の反時計まわりの円周方向への成分 B_s の線積分に直せる．したがって，これは電流を流すと電流のまわりに渦をまくように磁場が発生することを意味している．つまり**磁場は電流からつくられる**．

　ところで，ベクトルの場で表される電場や磁場の振る舞いを記述するマクスウェルの方程式には，どうして回転 (rot) とか発散 (div) が入っているのだろうか？　ここで，水の流れと対応させて考えてみよう．風呂の水をかきまぜて，その流れを上から見てみると，そこには渦があり ($\mathrm{rot}\, \boldsymbol{V} \neq 0$)，もし風呂の栓を抜くとそこに水が吸い込まれる (負の湧き出しで $\mathrm{div}\, \boldsymbol{V} < 0$)．つまり，水の流れの場は，渦と湧き出しから構成される．ある領域で流速 $\boldsymbol{V}$(ベクトルの場) が決まることは，そこに渦 (回転：$\mathrm{rot}\, \boldsymbol{V}$) と湧き出し (発散：$\mathrm{div}\, \boldsymbol{V}$) を与えることなのである．これは数学的にも正しいことが示される．電磁現象では電場 $\boldsymbol{E}$ と磁場 $\boldsymbol{B}$ の 2 種の場 (流れ) がある．これらのそれぞれの回転 (渦度) と発散 (湧き出し密度) を与える式が式 (16.1)〜(16.4) の 4 個のマクスウェルの方程式である．

§2 真空中のマクスウェルの方程式 (微分形)

真空中では，電荷密度 ρ と電流密度 i はなく，電場と磁場しか存在しないので，マクスウェルの方程式は，

$$\mathrm{div}\,\varepsilon_0 \boldsymbol{E} = 0 \tag{16.11}$$

$$\mathrm{div}\,\boldsymbol{B} = 0 \tag{16.12}$$

$$\mathrm{rot}\,\boldsymbol{E} = -\frac{\partial \boldsymbol{B}}{\partial t} \tag{16.13}$$

$$\mathrm{rot}\,\boldsymbol{B} = \varepsilon_0 \mu_0 \frac{\partial \boldsymbol{E}}{\partial t} \tag{16.14}$$

となる．式 (16.13) は，磁場の時間変化 (右辺) が真空中に電場の回転 (左辺) をつくり出すことを意味し，式 (16.14) は，電場の時間変化 (右辺の変位電流密度) が磁場の回転 (左辺) をつくり出すことを意味し，電場と磁場が直接相互に影響し合っている．この2つの過程の繰り返しで電場と磁場の変化が真空中を伝わっていくのが電磁波である (第17章参照)．

§3 時間変化がない場合のマクスウェルの方程式 (微分形)

静電場と静磁場では，電場と磁場が時間変化しないので，マクスウェルの方程式は，

$$\mathrm{div}\,\varepsilon_0 \boldsymbol{E} = \rho \tag{16.15}$$

$$\mathrm{div}\,\boldsymbol{B} = 0 \tag{16.16}$$

$$\mathrm{rot}\,\boldsymbol{E} = 0 \tag{16.17}$$

$$\mathrm{rot}\,\boldsymbol{B} = \mu_0 \boldsymbol{i} \tag{16.18}$$

となる．前節と違って電場と磁場とは直接相互には影響しない．このとき電場は電荷密度 ρ のみで決まり，磁場は電流密度 i のみで決まる．

例題 16.1　マクスウェル方程式の応用

図 16.4 のように，x 方向に $0.01\,\mathrm{m}$ 離れた平行な2枚の平板電極 ($1\,\mathrm{m} \times 1\,\mathrm{m}$) の間に，電荷が電荷密度 $\rho\,[\mathrm{C/m^3}]$ で一様に分布している．2枚の平板電極の電位は接地 (アース) されていて，それぞれの電位は $0\,\mathrm{V}$ である．このとき，電極

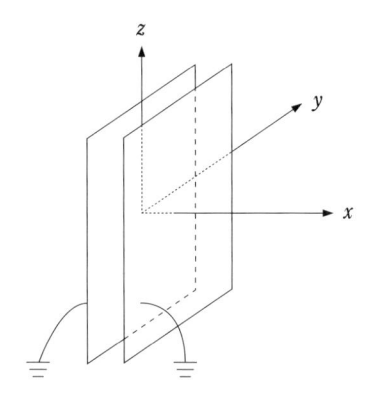

図 16.4

間の電位 ϕ と電場 $\boldsymbol{E}$ を求めよ．ただし，真空の誘電率を ε_0 とする．

〔解説〕 電極間では物理量は y や z には依存せず，x の関数として表される．また，電場は x 方向の電場 E_x しか存在しないので，電荷と電場の関係式 (16.15) は，

$$\frac{\partial}{\partial x}\varepsilon_0 E_x + \frac{\partial}{\partial y}\varepsilon_0 E_y + \frac{\partial}{\partial z}\varepsilon_0 E_z = \varepsilon_0 \frac{\partial}{\partial x}E_x = \rho \tag{16.19}$$

となる．ここで，電場の x 成分 E_x は電位 ϕ と $E_x = -\dfrac{\partial}{\partial x}\phi$ の関係があるので，

$$\frac{\partial^2}{\partial x^2}\phi = -\frac{\rho}{\varepsilon_0} \tag{16.20}$$

となる．これを積分して

$$\frac{\partial}{\partial x}\phi = -\frac{\rho}{\varepsilon_0}x + C_1 \tag{16.21}$$

となる．これを積分して電位は，

$$\phi(x) = -\frac{\rho}{\varepsilon_0}\cdot\frac{x^2}{2} + C_1 x + C_2 \tag{16.22}$$

となる．2個の積分定数の C_1 と C_2 は，2つの境界条件，

$$\phi(0) = C_2 = 0 \tag{16.23}$$

$$\phi(0.01) = -\frac{\rho}{\varepsilon_0}\cdot\frac{0.01^2}{2} + 0.01 C_1 = 0 \tag{16.24}$$

より求めることができて，$C_2 = 0$, $C_1 = \dfrac{\rho}{\varepsilon_0}\dfrac{0.01}{2}$ となる．したがって電位 ϕ と電場 E_x は

$$\phi(x) = -\frac{\rho}{\varepsilon_0} \cdot \frac{x^2}{2} + \frac{\rho}{\varepsilon_0} \cdot \frac{0.01}{2} x = -\frac{\rho}{2\varepsilon_0} x(x - 0.01)\,[\mathrm{V}] \tag{16.25}$$

$$E_x(x) = -\frac{\partial}{\partial x}\phi(x) = \frac{\rho}{\varepsilon_0} \cdot x - \frac{\rho}{\varepsilon_0} \cdot \frac{0.01}{2} = \frac{\rho}{\varepsilon_0}(x - 0.005)\,[\mathrm{V/m}] \tag{16.26}$$

となる．

§4 マクスウェルの方程式 (積分形)

マクスウェルの方程式の積分形は，微分形の式 (16.1)〜(16.4) を積分したものである．これらの方程式 (積分形) は，

$$\int \varepsilon_0 E_\mathrm{n}\,\mathrm{d}S = \int \rho\,\mathrm{d}V \tag{16.27}$$

$$\int B_\mathrm{n}\,\mathrm{d}S = 0 \tag{16.28}$$

$$\int E_s\,\mathrm{d}s = -\frac{\mathrm{d}}{\mathrm{d}t}\int B_\mathrm{n}\,\mathrm{d}S \tag{16.29}$$

$$\int B_s\,\mathrm{d}s = \frac{\mathrm{d}}{\mathrm{d}t}\int \varepsilon_0\mu_0 E_\mathrm{n}\,\mathrm{d}S + \mu_0\int i_\mathrm{n}\,\mathrm{d}S \tag{16.30}$$

となる．式 (16.27) と式 (16.28) の左辺では閉曲面上で面積分を行い，右辺ではその閉曲面で囲まれた領域で体積分を行う．式 (16.29) と式 (16.30) の左辺では閉曲線上で線積分を行い，右辺ではその閉曲線をふちとする面上で面積分を行う．これらの面積分や線積分は，球面や円周などの特別な形だけでなく，任意の形状の閉曲面や閉曲線でも成り立つことが示せる．考えている系が球や円などの対称性がある場合は，面積分や線積分が単に磁場や電場の大きさに面積や円周をかけたものになって，計算が簡単になる場合がある．

例題 16.2 マクスウェルの方程式の応用 (コンデンサー)

図 16.5 のように，内半径 a [m]，外半径 b [m] の同心の球殻形のコンデンサーがある．内半径部に電荷 Q [C] を，外半径部に電荷 $-Q$ [C] を与えたときのコンデンサーの電場 $E(r)$ [V/m] を求めよ．ただし，真空の誘電率を ε_0 とする．

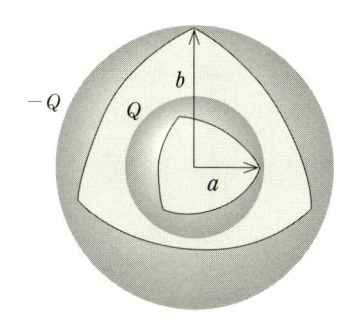

図 **16.5** 球殻形コンデンサー

〔解説〕 半径 r の球を考え，この領域内に含まれる電荷量を求めるためにマクスウェルの方程式の積分形 (16.27) を適用すると，

$$\int \varepsilon_0 E_n \, dS = \varepsilon_0 E 4\pi r^2 = \begin{cases} 0 & (0 < r < a) \\ Q & (a < r < b) \\ 0 = +Q + (-Q) & (b < r) \end{cases} \quad (16.31)$$

となる．これから，

$$E = 0 \quad (0 < r < a), \quad E = \frac{Q}{4\pi\varepsilon_0 r^2} \quad (a < r < b), \quad E = 0 \quad (b < r)$$

である．電気力線は内半径部から生じ外半径部で消える．電場は内半径部と外半径部の間 $(a < r < b)$ でのみ存在する．

章末問題

16.1 電場 $\boldsymbol{E}$ が $\boldsymbol{E} = \dfrac{\rho}{3\varepsilon_0}(x, y, z)$ のとき，$\mathrm{div}\,\varepsilon_0 \boldsymbol{E}$ を計算せよ．
(注：この電場は，座標の原点を中心とする半径 a の球内に，一様に電荷密度 ρ があるときの球内の任意の点 (x, y, z) における電場 $\boldsymbol{E}$ を表す．)

16.2 磁束密度 $\boldsymbol{B}$ が $\boldsymbol{B} = \dfrac{\mu_0 i}{2}(-y, x, 0)$ のとき，$\mathrm{rot}\,\boldsymbol{B}$ を計算せよ．
(注：この磁束密度は，z 軸を回転軸とする半径 a の円柱に，一様に z 方向へ電流が電流密度 i で流れているとき，円柱内の任意の点 (x, y, z) における磁束密度 $\boldsymbol{B}$ を表す．)

16.3 図 16.6 のように内半径 a [m], 外半径 b [m], 長さ L [m]($L \gg a, b$) の円筒形のコンデンサーがある. 内半径部に電荷 Q [C] を, 外半径部に電荷 $-Q$ [C] 与えたときのコンデンサーの電場 $E(r)$ [V/m] を求めよ. ただし, 真空の誘電率を ε_0 とする.

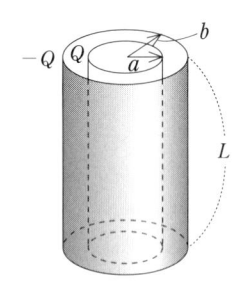

図 **16.6** 円筒形コンデンサー

第17章

電磁波と波動方程式

§1 電磁波の放射

空間内の電場が変化すれば磁場が生じる．また，磁場が変化すれば電場が生じる．変化する電場と磁場が交互に作用して空間内を伝わっていくのが**電磁波**である．

図 17.1 のように，2 本の導線に交流電圧を加えることを考えてみよう．導線内の電位によって図 (a) のように電場が生じる．導線の電位が交互に逆転することによって図 (b), (c) のように空間内に電場および磁場の変化が広がっていく．これが電磁波である．

図のような電磁波を放射する導体を**アンテナ**と呼ぶ．逆に，電磁波が伝搬している空間中にアンテナを置くと，アンテナの端子間に交流電圧が発生する．つまりアンテナは，電磁波を放射する場合にも使われ，電磁波を受信する場合にも使われるわけである．

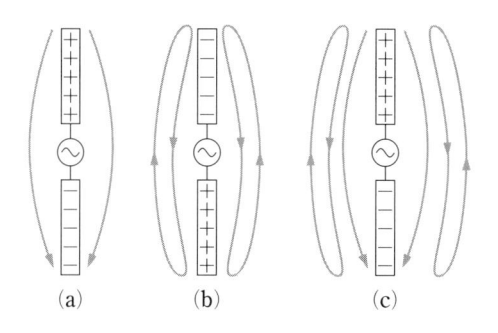

図 17.1 アンテナのまわりに生じる電場

§2 コンデンサーとアンテナ

アンテナは，コンデンサーと対比して考えることもできる．理想的なコンデンサーに交流電圧をかけるとエネルギーの損失はない．電場および磁場のエネルギーはコンデンサーの内部に蓄えられ，外に出ることがない．図 17.2 のように，アンテナはコンデンサーの電極を外に広げたような形状をしている．この場合，アンテナの電極間のエネルギーは電磁波として，つまり電場および磁場のエネルギーとして外部に放出されることになる．

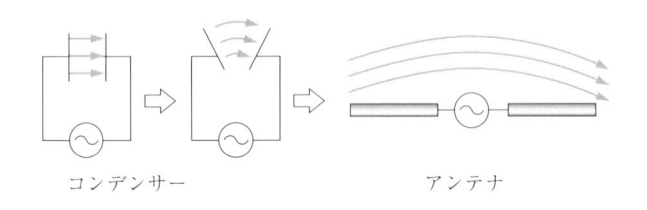

図 17.2　コンデンサーとアンテナ

§3 回路からの電磁波の放出

現実のコンデンサーやコイルは，電場や磁場のエネルギーを完全に閉じ込めることができないので，エネルギーの一部が電磁波として放出されることになる．また，アンテナのような開いた導線だけではなく，回路中の閉じた導線からも電磁波は放出されるので，注意が必要である．ある回路から放射された電磁波が，別な回路で受信されることにより，誤動作や雑音の原因となる．試しにラジオをパソコンに近づけてみよう．

電子装置から放出される電磁波の量を小さくするには，装置を導体で包めばよい．また，回路を工夫して電磁波の放射が少なくなるよう設計する必要がある．

§4 電磁波の波動方程式

マクスウェルの方程式から電磁波の波動方程式を導くことができる．まずは真空中のマクスウェル方程式を以下に示す．

§4 電磁波の波動方程式

$$\text{div}\,\boldsymbol{E} = 0 \tag{17.1}$$

$$\text{div}\,\boldsymbol{B} = 0 \tag{17.2}$$

$$\text{rot}\,\boldsymbol{E} = -\frac{\partial \boldsymbol{B}}{\partial t} \tag{17.3}$$

$$\text{rot}\,\boldsymbol{B} = \varepsilon_0\mu_0\frac{\partial \boldsymbol{E}}{\partial t} \tag{17.4}$$

また任意のベクトル $\boldsymbol{A}$ に対して次の関係式が成り立つ．

$$\text{rot}(\text{rot}\,\boldsymbol{A}) = \text{grad}(\text{div}\,\boldsymbol{A}) - \frac{\partial^2 \boldsymbol{A}}{\partial x^2} - \frac{\partial^2 \boldsymbol{A}}{\partial y^2} - \frac{\partial^2 \boldsymbol{A}}{\partial z^2} \tag{17.5}$$

式 (17.5) の $\boldsymbol{A}$ を $\boldsymbol{E}$ とし，式 (17.1) を代入すると次式が得られる．

$$\begin{aligned}\text{rot}(\text{rot}\,\boldsymbol{E}) &= \text{grad}(\text{div}\,\boldsymbol{E}) - \frac{\partial^2 \boldsymbol{E}}{\partial x^2} - \frac{\partial^2 \boldsymbol{E}}{\partial y^2} - \frac{\partial^2 \boldsymbol{E}}{\partial z^2} \\ &= -\frac{\partial^2 \boldsymbol{E}}{\partial x^2} - \frac{\partial^2 \boldsymbol{E}}{\partial y^2} - \frac{\partial^2 \boldsymbol{E}}{\partial z^2}\end{aligned} \tag{17.6}$$

また $\text{rot}(\text{rot}\,\boldsymbol{E})$ に対し，式 (17.3) と式 (17.4) を代入すると次式が得られる．

$$\begin{aligned}\text{rot}(\text{rot}\,\boldsymbol{E}) &= \text{rot}\left(-\frac{\partial \boldsymbol{B}}{\partial t}\right) \\ &= -\frac{\partial}{\partial t}(\text{rot}\,\boldsymbol{B}) \\ &= -\frac{\partial}{\partial t}\left(\varepsilon_0\mu_0\frac{\partial \boldsymbol{E}}{\partial t}\right)\end{aligned} \tag{17.7}$$

t に対する微分と x, y および z に対する微分は順序を入れ替えても構わない．式 (17.6) と式 (17.7) から次式が得られる．

$$\frac{\partial^2 \boldsymbol{E}}{\partial x^2} + \frac{\partial^2 \boldsymbol{E}}{\partial y^2} + \frac{\partial^2 \boldsymbol{E}}{\partial z^2} = \varepsilon_0\mu_0\frac{\partial^2 \boldsymbol{E}}{\partial t^2} \tag{17.8}$$

これは電場 $\boldsymbol{E}$ に対する波動方程式である．真空中では電場 $\boldsymbol{E}$ と電束密度 $\boldsymbol{D}$ が比例関係にあるので式 (17.8) の $\boldsymbol{E}$ を $\boldsymbol{D}$ に置き換えても構わない．

続いて式 (17.5) の $\boldsymbol{A}$ を $\boldsymbol{B}$ とし，式 (17.2) を代入すると次式が得られる．

$$\begin{aligned}\text{rot}(\text{rot}\,\boldsymbol{B}) &= \text{grad}(\text{div}\,\boldsymbol{E}) - \frac{\partial^2 \boldsymbol{B}}{\partial x^2} - \frac{\partial^2 \boldsymbol{B}}{\partial y^2} - \frac{\partial^2 \boldsymbol{B}}{\partial z^2} \\ &= -\frac{\partial^2 \boldsymbol{B}}{\partial x^2} - \frac{\partial^2 \boldsymbol{B}}{\partial y^2} - \frac{\partial^2 \boldsymbol{B}}{\partial z^2}\end{aligned} \tag{17.9}$$

また $\text{rot}(\text{rot}\,\boldsymbol{B})$ に対し，式 (17.4) と式 (17.3) を代入すると次式が得られる．

$$\begin{aligned}
\text{rot}(\text{rot}\,\boldsymbol{B}) &= \text{rot}\left(\varepsilon_0\mu_0\frac{\partial \boldsymbol{E}}{\partial t}\right) \\
&= \frac{\partial}{\partial t}(\varepsilon_0\mu_0\,\text{rot}\,\boldsymbol{E}) \\
&= -\frac{\partial}{\partial t}\left(-\varepsilon_0\mu_0\frac{\partial \boldsymbol{B}}{\partial t}\right)
\end{aligned} \tag{17.10}$$

式 (17.9) と式 (17.10) から次式が得られる．

$$\frac{\partial^2 \boldsymbol{B}}{\partial x^2} + \frac{\partial^2 \boldsymbol{B}}{\partial y^2} + \frac{\partial^2 \boldsymbol{B}}{\partial z^2} = \varepsilon_0\mu_0\frac{\partial^2 \boldsymbol{B}}{\partial t^2} \tag{17.11}$$

真空中では磁場 $\boldsymbol{H}$ と磁束密度 $\boldsymbol{B}$ が比例関係にあるので式 (17.11) の $\boldsymbol{B}$ を $\boldsymbol{H}$ に置き換えても構わない．

y 軸方向に進行する波長 λ の電磁波の例を図 17.3 に示す．

伝える媒質の振動する方向が進行方向に垂直である波は**横波**と呼ばれ，電磁波も横波に分類される．電場および磁場の振動の山と山の距離が**波長**に相当する．また，ある場所で電磁波を観測したときに，電場または磁場が 1 秒間に何回変化したかを表すのが**振動数** ν (または**周波数**) であり単位は [Hz](ヘルツ) である．

図 17.3 の電磁波の電場 E_z と磁場 B_x を式で表すと次のようになる．

$$E_z = E_0 \sin\left(\frac{2\pi}{\lambda}y - 2\pi\nu t\right) \tag{17.12}$$

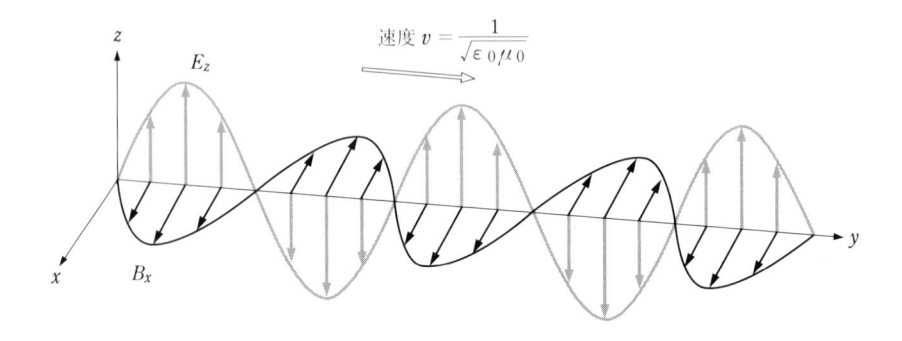

図 **17.3** y 軸方向に進行する電磁波

$$B_x = B_0 \sin\left(\frac{2\pi}{\lambda}y - 2\pi\nu t\right) \tag{17.13}$$

波の伝わる速度は，$v = \nu\lambda$ で与えられる．

マクスウェルの方程式で，電場が z 軸方向の成分，磁束密度が x 軸方向の成分のみをもつものとすれば，y 軸方向に進行する電磁波の波動方程式として，次式が得られる．

$$\frac{\partial^2 E_z}{\partial y^2} = \varepsilon_0\mu_0\frac{\partial^2 E_z}{\partial t^2} \tag{17.14}$$

$$\frac{\partial^2 B_x}{\partial y^2} = \varepsilon_0\mu_0\frac{\partial^2 B_x}{\partial t^2} \tag{17.15}$$

式 (17.12) と式 (17.13) は，波動方程式の解の 1 つである．ここで式 (17.12) を式 (17.14) に代入してみよう．

$$\left(\frac{2\pi}{\lambda}\right)^2 E_z = (2\pi\nu)^2\varepsilon_0\mu_0 E_z \tag{17.16}$$

$$c = \nu\lambda = \frac{1}{\sqrt{\varepsilon_0\mu_0}} = 2.9979 \times 10^8 \,[\mathrm{m/s}] \tag{17.17}$$

光速 c が誘電率 ε_0 と透磁率 μ_0 から与えられることがわかるだろう．磁場を記述する式 (17.13) と式 (17.15) を使っても，同様の結果を導くことができる．

§5 電磁波の波としての性質

電磁波は，屈折，回折，干渉といった波としての性質を示す．大気中からガラスの中に入射した場合のように，屈折率の異なる物質の境界では，**反射** と **屈折** を起こす．また，電磁波を金属に照射すると，電磁波は **反射** される．このことは，金属表面で電磁波によって誘導電流が流れて，この誘導電流が電磁波を新たに放射すると考えることができる．このため，金属の内部には，電磁波は進行できない．これを **電磁シールド** という．

§6 さまざまな電磁波

ガンマ線，X 線，光，携帯電話・TV・ラジオに使われる電波まで，すべて電磁波であり，同じ波動方程式で記述できる．これらの真空中の速度はすべて光速と同じである．電磁波の特徴はその波長によって決まる．表 17.1 にさまざ

表 17.1 電磁波の波長による分類

名称 (用途)	波長 [m]	振動数 [Hz]
長波	$10^3 \sim 10^4$	$3 \times 10^4 \sim 3 \times 10^5$
中波 (AM 放送)	$10^2 \sim 10^3$	$3 \times 10^5 \sim 3 \times 10^6$
短波 (国際放送)	$10 \sim 10^2$	$3 \times 10^6 \sim 3 \times 10^7$
超短波 (TV, FM 放送)	$1 \sim 10$	$3 \times 10^7 \sim 3 \times 10^8$
極超短波 (TV, 衛星放送)	$10^{-1} \sim 1$	$3 \times 10^8 \sim 3 \times 10^9$
センチ波	$10^{-2} \sim 10^{-1}$	$3 \times 10^9 \sim 3 \times 10^{10}$
ミリ波	$10^{-3} \sim 10^{-2}$	$3 \times 10^{10} \sim 3 \times 10^{11}$
サブミリ波	$10^{-4} \sim 10^{-3}$	$3 \times 10^{11} \sim 3 \times 10^{12}$
赤外線	$7.0 \times 10^{-7} \sim 10^{-4}$	$3 \times 10^{12} \sim 4 \times 10^{14}$
可視光線	$4.0 \times 10^{-7} \sim 7.0 \times 10^{-7}$	$4 \times 10^{14} \sim 8 \times 10^{14}$
紫外線	$10^{-8} \sim 4.0 \times 10^{-7}$	$8 \times 10^{14} \sim 3 \times 10^{16}$
X 線	$10^{-12} \sim 10^{-8}$	$3 \times 10^{16} \sim 3 \times 10^{20}$
ガンマ線	10^{-10} 以下	3×10^{18} 以上

まな電磁波の波長による分類を示した.

[例題 17.1] 電磁波の波長

電子レンジは,水分子が吸収しやすい電磁波を照射することにより,電磁波のエネルギーを熱エネルギーに変え,食品の加熱を行っている.電子レンジでは,その窓に電磁波の波長よりも小さい格子間隔の金属製の網が取り付けられている.この電磁シールド作用によって,電磁波が外に洩れないようになっている.家庭で使われている電子レンジの電磁波の周波数は,2.45 GHz である.この電磁波の波長を求めよ.

〔解説〕 電磁波の波長は (光速) ÷ (振動数) で与えられるので,

$$\frac{3.00 \times 10^8 \,[\text{m/s}]}{2.45 \times 10^9 \,[\text{Hz}]} = 0.122 \,[\text{m}]$$

が答である.電子レンジで使われる電磁波の波長は,12.2 cm で,網の格子間隔は 1 mm 程度である.その電磁シールド作用によって,電磁波の外部への洩れを防いでいる.

[例題 17.2] 物質内の電磁波の波長

振動数 1×10^{14} Hz の光が,真空中から屈折率 1.2 の透明な物質中に入射した.この光の物質内の振動数と波長を求めよ.

〔解 説〕 電磁波の振動数は，屈折率の異なる媒体に入射しても変化しないので，1×10^{14} Hz のままである．屈折率 n の媒体中の光速は (真空中の光速)÷(屈折率) で与えられる．したがって，

$$\lambda = \frac{c}{n\nu} = \frac{3\times10^8}{1.2\times10^{14}} = 2.5\times10^{-6}\,[\mathrm{m}]$$

を得る．

章末問題

17.1 1 GHz のクロック周波数をもつパソコンからは，同じ周波数の電磁波が放出されている．この電磁波の波長を求めよ．

17.2 800 MHz の携帯電話で用いられる電磁波の波長を求めよ．

☕ Coffee Break：波長で異なる電磁波の性質

衛星放送と AM ラジオの違いについて考えてみよう．AM ラジオは，部屋の中でも外でもある程度好きな場所で受信することができる．ラジオの向きで感度が変わるが，その配置はかなりいい加減でもかまわない．これに対し，衛星放送はパラボラ形のアンテナを正確に衛星の方向に向けてやる必要がある．両者とも電磁波を使った放送手段であるが，大きな違いは何であろうか？

AM 放送は 1 MHz 程度の周波数 (波長は 300 m 程度) であるのに対し，衛星放送の周波数は 10 GHz 程度 (波長は 3 cm 程度) である．AM 放送のように波長が長いと，電磁波は大きな回折作用をもつ．回折により窓から部屋の中まで入り込み，建物の後ろに回り込むこともできる．これに対し，波長が短い電磁波は，直進性が強くなる．つまり，回り込むようなことはなくなる．また，受信の方法も，パラボラのように，1 点に電磁波を集中させ検出する方法が有効となる．AM 放送に比べて TV 放送や FM 放送の方が建物による受信障害が起きやすいのも，同様に波長が短いためである．

第 18 章

相対性理論

アインシュタインの提唱した特殊相対性理論は，量子力学と並んで20世紀を代表する物理学上の発見である．高速で運動すると時計の進み方が変化するという SF 的な考えが面白いだけではなく，衛星や通信などに関係する分野では，実際に無視することのできない物理現象となっている．

§1 マイケルソンとモーリの実験

19 世紀の後半，物理学者は，電磁波は波動であるので，波動を伝搬させる媒体が存在すると信じ，これをエーテルと呼んだ．光の速度を測った場合，エーテルに対して運動している座標系では，光の速度が異なるはずである．そこで，マイケルソンとモーリは，図 18.1 に示すような装置で光の速度を測定する実験を行った．地球は太陽のまわりを高速で運動しているので，光の進行方向が違えば，光の速度が異なり，干渉が観測されるものと思われた．しかし実験の結

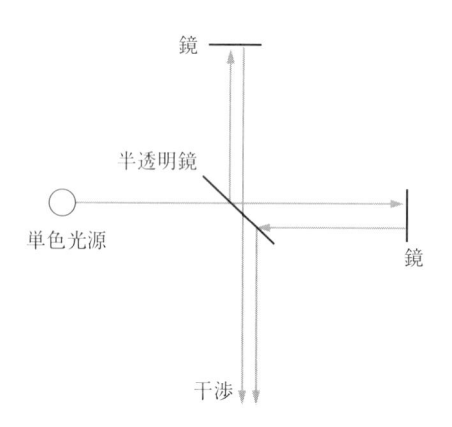

図 18.1　マイケルソン–モーリの実験

果，どのような測定を行っても光の速度が変わらないという結果が得られた．

§2 相対性理論

これらの結果に基づき，アインシュタインは，以下の2つの前提条件から特殊相対性理論を構築した．

(1) 互いに等速度で運動している座標系 (これを **慣性座標系** と呼ぶ) に対して，自然法則は等しく成り立つ．

(2) すべての慣性座標系において，光速度は不変である．

すべての慣性座標系で光速度が不変であるとすれば，どのようなことが起こるか考えてみよう．非常に速い速度で走っている列車に乗っている観測者 A が列車の後部から先頭へ向けて光を出して，光速を測定する実験を行ったとする．（このような頭の中で行う実験を仮想実験と呼ぶ．) 光速の測定は，光が伝搬した距離をかかった時間で割ればよい．この実験を地上の観測者 B が観察したらどうなるか．光が進むのと同時に列車の先頭も前に動いているので観測者 A よりも光の到達に長い時間がかかることになる．観測者 A と観測者 B を公平に扱い，両者が同じ値の光速を得るためには，異なる慣性座標系で次のようなローレンツ変換を満たす必要がある．

$$x' = \frac{x - vt}{\sqrt{1 - (v/c)^2}} \tag{18.1}$$

$$y' = y \tag{18.2}$$

$$z' = z \tag{18.3}$$

$$t' = \frac{t - vx/c^2}{\sqrt{1 - (v/c)^2}} \tag{18.4}$$

ここで座標系 $(x'y'z')$ は座標系 (xyz) に対して x 軸方向に速度 v で遠ざかっているものとする．座標系 $(x'y'z')$ から座標系 (xyz) への逆変換は以下のように与えられる．

$$x' = \frac{x' + vt'}{\sqrt{1 - (v/c)^2}} \tag{18.5}$$

$$y = y' \tag{18.6}$$

$$z = z' \tag{18.7}$$

$$t = \frac{t' + vx'/c^2}{\sqrt{1-(v/c)^2}} \tag{18.8}$$

式 (18.8) において $x' = 0$ とすれば，次式が得られる．

$$t = \frac{t'}{\sqrt{1-(v/c)^2}} \tag{18.9}$$

これは座標系 $(x'y'z')$ の原点に置かれた時計の進み方が，座標系 (xyz) の観測者から見ると遅れて観測されることを意味する．我々の住む世界では，ほとんどの場合 v は c に比べ非常に小さいので，v/c の成分を 0 とするガリレイ変換が適用できる．

ちょっとハイレベル：時間の遅れ

相対性理論から導かれる結果として，高速で運動している座標系では時間の進み方が遅くなるという現象がある．この現象について考えてみよう．

(x, y, z) の 3 次元に時間 t を加えた 4 次元空間 (x, y, z, t) を考える．この空間上の 2 点 $P_1(x_1, y_1, z_1, t_1)$ と $P_2(x_2, y_2, z_2, t_2)$ の間の距離 l を次式のように定義する．

$$l^2 = (x_2 - x_1)^2 + (y_2 - y_1)^2 + (z_2 - z_1)^2 - c^2(t_2 - t_1)^2 \tag{18.10}$$

式を見ると，時間の項は光速 c の 2 乗がかけられ符号がマイナスになっている．相対性理論では，異なる慣性座標系においても，距離 l が変わらないということが知られている．

この距離の不変性から，異なる座標系における時間の遅れを導いてみよう．図 18.2 に示すように，観測者 A と観測者 B がいて，B は A に対して速度 v で遠ざかっている．横方向に x 軸，縦方向に時間軸をとる．A と B がすれ違った点と，観測者 A から見て t_A だけ時間がたったとき B が存在する点の距離を観測者 A と B がそれぞれ計算する．

A から見ると時間 t_A が経過し，B は vt_A だけ移動しているので，A の計算した点 P_{A1} と P_{A2} の距離 l_A は以下のようになる．

$$l_A^2 = (vt_A)^2 - c^2(t_A)^2 \tag{18.11}$$

一方，B から見ると時間 t_B が経過し，自分は移動していないので，B の計算した点 P_{B1} と P_{B2} の距離 l_B は以下のようになる．

$$l_B^2 = -c^2(t_B)^2 \tag{18.12}$$

異なる慣性座標系において，l は不変であるので，次式が得られる．

$$(vt_A)^2 - c^2(t_A)^2 = -c^2(t_B)^2 \tag{18.13}$$

§2 相対性理論   177

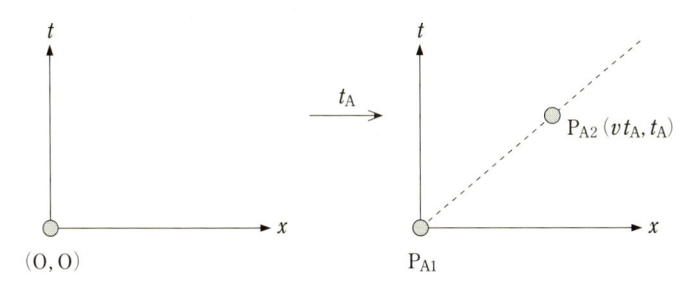

Aの座標系の場合 $l_A{}^2 = (vt_A)^2 - (ct_A)^2$

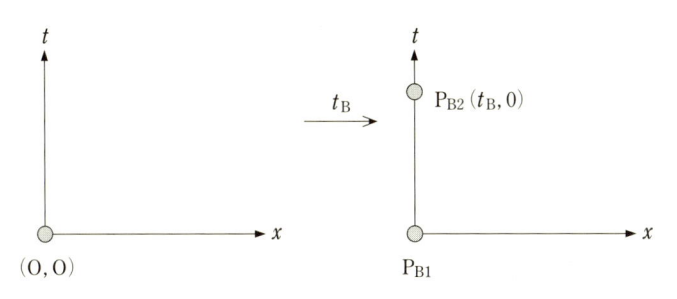

Bの座標系の場合 $l_B{}^2 = -(ct_B)^2$

図 18.2 異なる座標系における時間の進み方

式を書き換えると以下のようになる．

$$t_B = \sqrt{1-\left(\frac{v}{c}\right)^2}\,t_A = \sqrt{1-\beta^2}\,t_A \tag{18.14}$$

相対性理論では，一般に速度 v を光速 c で割った値を β とする場合が多い．上の式は，Aの時計に対して，Bの時計が遅れることを意味している．しかし，通常は，座標系の速度は光速に比べて非常に小さいので，時間のずれは無視できる．

同様に相対性理論から導かれる結果として，互いに運動している相手が縮んで見える現象がある．この現象は，**ローレンツ収縮**と呼ばれる．

[例題 18.1] 時間の収縮

速度 100 km のロケットで 50 年旅行をした場合，ロケット内部の時計は，地上の時計に比べてどのくらい遅れるか．

〔解 説〕 $\sqrt{1-(v/c)^2}$ に光速とロケットの速度を代入すると 0.9999999444

となる．50 年は，1.58×10^9 s で，時間の遅れは 87.6 s となる．

§3 相対論的なエネルギーと運動量

ニュートン力学では物体の加速度は力に比例する．つまり物体に一定の力を加え続ければ，物体の速度は上限なく増加することになる．一方すべての慣性座標系で光速度が不変であるためには，物体は光の速度を超えることができない．このため特殊相対性理論では，ニュートン力学の修正が必要となる．

電子などの粒子が光速に近い速度で運動しているような場合，粒子のエネルギーと運動量を相対論的に扱う必要がある．静止状態で質量 m の物体が，速度 v で運動している場合の全エネルギー E は次式で与えられる．

$$E = \frac{mc^2}{\sqrt{1-\beta^2}} \tag{18.15}$$

〔例題 18.2〕　相対論的な運動量

式 (18.6) で v が c に比べて十分に小さい場合には，エネルギーは次式で近似できることを確認せよ．

$$E = mc^2 + \frac{1}{2}mv^2 \tag{18.16}$$

〔解説〕　v が c に比べて十分に小さい場合，β が 1 に比べ非常に小さくなる．この場合，式 (18.15) の分母に次の近似式を使うことができる (第 7 章のワンポイント「テーラー展開」を参照)．

$$(1-a)^{-\frac{1}{2}} \fallingdotseq 1 + \frac{1}{2}a \tag{18.17}$$

$$\frac{mc^2}{\sqrt{1-\beta^2}} \fallingdotseq mc^2 \left(1 + \frac{1}{2}\beta^2\right) = mc^2 + \frac{1}{2}mv^2 \tag{18.18}$$

式 (18.16) の第 1 項は静止質量のもつエネルギーである．光速の 2 乗と静止質量の積がエネルギーとなっている．このため，わずかな質量の変化が，莫大なエネルギーをもたらすことがわかる．原子力開発の基礎となった重要な式である．

また，静止状態で質量 m の物体が速度 v で運動している場合の運動量 p は，次式で与えられる．

$$p = \frac{mv}{\sqrt{1-\beta^2}} \tag{18.19}$$

粒子の速度が速い場合には，古典的なエネルギーと運動量の式を用いると結果が異なるので，注意が必要である．

[例題 18.3] 相対論的な運動量

光速の 90% の速度で運動する電子の運動量を古典的な式 $p = mv$ と相対論的な式で比較せよ．

〔解 説〕 電子の質量は 9.11×10^{-31} kg である．古典的な式で計算した運動量は，次の式で与えられる．

$$mv = 9.11 \times 10^{-31} \times 3.00 \times 10^8 \times 0.9 = 2.46 \times 10^{-22} \, [\text{kg} \cdot \text{m/s}]$$

相対論的な式で計算した運動量は，

$$p = \frac{mv}{\sqrt{1-\beta^2}} = 5.64 \times 10^{-22} \, [\text{kg} \cdot \text{m/s}]$$

となる．相対論的な結果が，厳密な解であり，結果は約 2 倍ほど大きくなっている．

章 末 問 題

18.1 速度 300 m/s の飛行機で 5 時間飛行をした場合，飛行機内部の時計は地上の時計に比べてどのくらい遅れるか．式 (18.17) の近似式を用いて求めよ．

18.2 静止質量 m の物体のエネルギーは，$\dfrac{mc^2}{\sqrt{1-\beta^2}}$ と書くこともできるし，$c\sqrt{p^2 + (mc)^2}$ と書くこともできる．両者が等しいことを確認せよ．ここで p は，式 (18.19) に示した相対論的な運動量である．

第 19 章

波の粒子性

　第17章では，マクスウェルの方程式から電磁波を記述する波動方程式が導き出せることを学んだ．目に見える光(可視光線)だけでなく，携帯電話，衛星放送，X線，ラジオなどすべての電磁波は，屈折，干渉，回折といった波の性質をもっている．

　一方で，電磁波は粒子としての性質ももっている．電磁波は，エネルギーをもつ粒子の流れと考えることもできる．たとえば人が色を感知できるのは，赤，緑，青に反応する視細胞で光子が電気信号に変換されるためである．

§1 光電効果

　レナードは光電効果に関する実験を行い，次のような現象を発見した．「ある波長より長い波長の光，言い換えると，ある振動数より振動数の小さい光をいくら多量に照射しても，光電子は飛び出さない．逆に，ある波長より短い波長の光を照射すると，光がいくら弱くても光電子が飛び出す．このとき，照射する光を強くすれば，飛び出す電子の数が増える．飛び出す電子のエネルギーは，照射する光のエネルギーには無関係で，光の波長によって決まる．波長が短いほど，飛び出す電子のエネルギーは大きくなる」．

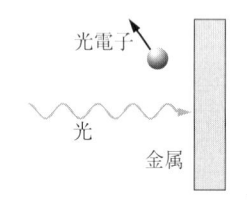

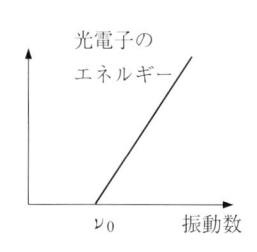

図 19.1　光電効果

光電効果の実験以前に，ヘルツは火花放電の実験において，陰極に紫外線を照射すると放電が起きやすくなることを発見している．また，ハルワックスは，箔検電器に紫外線を照射すると，検電器が正に帯電し箔が開くことを発見している．

光電効果とは，金属の表面に光を照射したとき，金属表面から電子が飛び出す現象をいう．光電効果によって飛び出す電子を**光電子**と呼ぶ．光電効果からわかったことは，光はエネルギーをもった粒子として考えることができ，またそのエネルギーが波長に依存するという点である．

§2 光量子説

アインシュタインは，振動数 ν の光 (電磁波) は $h\nu$ のエネルギーをもつ粒子の集まりであるという**光量子説**を発表した．h はプランク定数と呼ばれる．

光量子説により，光電効果を説明することができる．電子を金属表面から外に取り出すのには，電子1個あたり W のエネルギーが必要である．このとき飛び出した光電子の運動エネルギーは次式で与えられる．

$$E_{\mathrm{e}} = h\nu - W \tag{19.1}$$

つまり，光の振動数が $\nu_0 = \dfrac{W}{h}$ 以上でないと，光電子は外に飛び出すことができない．この振動数を**限界振動数**と呼ぶ．また，W は**仕事関数**と呼ばれる．仕事関数は金属によって異なる．

> **例題 19.1** 光子の数
>
> 波長が 700 nm で，出力が 5 mW の半導体レーザーは，1秒あたり何個の光子を放出しているか？
>
> 〔解説〕 光子のエネルギーは次式で与えられる．
>
> $$E = h\nu = \frac{hc}{\lambda}$$
>
> 700 nm の光の光子1個あたりのエネルギーは，2.84×10^{-19} J である．半導体レーザーは，1秒あたり 5 mJ の光を出力しているので，
>
> $$\frac{5.00 \times 10^{-3}}{2.84 \times 10^{-19}} = 1.76 \times 10^{16}$$

1.76×10^{16} 個の光子を放出していることになる.

[例題 19.2] コンプトン散乱

コンプトンは,電子によって散乱された X 線の波長が入射 X 線の波長と異なっていることを発見した. 電子に波長 λ の X 線が当たった場合,図 19.2 に示すように散乱された X 線の波長が λ' となった. λ と λ' との差は非常に小さいものとして, λ と λ' との関係式を導け.

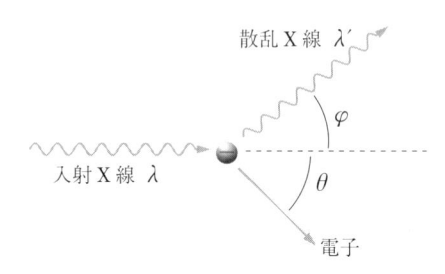

図 19.2 コンプトン散乱の実験

〔解 説〕 エネルギー保存の法則から次の式が成り立つ.

$$\frac{hc}{\lambda} = \frac{hc}{\lambda'} + \frac{1}{2}mv^2 \tag{19.2}$$

また,運動量保存の法則から次の 2 つの式が成り立つ.

$$\frac{h}{\lambda} = \frac{h}{\lambda'}\cos\varphi + mv\cos\theta \tag{19.3}$$

$$\frac{h}{\lambda'}\sin\varphi = mv\sin\theta \tag{19.4}$$

式 (19.3) を書き換えると次式が得られる.

$$\frac{h}{\lambda} - \frac{h}{\lambda'}\cos\varphi = mv\cos\theta \tag{19.5}$$

式 (19.4) と式 (19.5) の両辺を 2 乗し,和をとると次式が得られる.

$$\left(\frac{h}{\lambda}\right)^2 + \left(\frac{h}{\lambda'}\right)^2 - 2\left(\frac{h^2}{\lambda\lambda'}\right)\cos\varphi = (mv)^2 \tag{19.6}$$

式 (19.2) を書き換えると次式が得られる.

$$\frac{1}{2}mv^2 = \frac{hc}{\lambda} - \frac{hc}{\lambda'} \approx \frac{hc(\lambda' - \lambda)}{\lambda^2} \tag{19.7}$$

式 (19.6) の λ' を λ に置き換えると次式が得られる.

$$(mv)^2 = 2\left(\frac{h}{\lambda}\right)^2 (1-\cos\varphi) \tag{19.8}$$

式 (19.7) に式 (19.8) を代入すると次式が得られる.

$$\lambda' - \lambda \approx \frac{mv^2\lambda^2}{2hc} = \frac{h}{mc}(1-\cos\varphi) \tag{19.9}$$

ちなみに，運動量を相対論的に扱うと $\lambda' - \lambda = \dfrac{h}{mc}(1-\cos\varphi)$ は厳密な解として求められる.

§3 光の検出

　微弱な光信号を検出するような場合には，光電子増倍管が用いられる．光電子増倍管は，光電効果で飛び出した電子 (光電子) に対し複数段の増幅を行う．1 個の光電子に対し非常に多くの電子が電流として流れるので，光子が 1 個あるかないかというようなレベルの計測が可能である．光電子増倍管によって，生物の体の中の化学反応による微弱な光を検出することが可能である．また，神岡鉱山の地下 1 km に設置されたスーパーカミオカンデの実験施設は，5 万トンの純水水槽を覆うように 1 万本の光電子増倍管を敷きつめていて，水中を高速で移動する荷電粒子が放出するチェレンコフ光を検出する．この装置を使って，天体ニュートリノの観測や大統一理論の検証などさまざまな成果が得られている．また，光電子増倍管は，自由電子を放出するための金属を変えることにより，さまざまな波長に対応した素子が使われている．

　他の例として，光通信で用いられるフォトダイオードがあげられる．光通信では，半導体レーザーで光をオン/オフして出力する．光ファイバーを通して，フォトダイオードに光が入る．半導体には，光子のエネルギーを吸収してホール (正孔) と電子を発生させる性質がある．このホールと電子により，電流が発生する．半導体レーザーのオン/オフの情報を遠く離れたフォトダイオードで検出することにより，通信が行われている．

　また，太陽電池やディジタルカメラなどに用いられる CCD も，光子のエネルギーを吸収して正孔と電子を発生させる性質を利用している．

章 末 問 題

19.1 Na の限界振動数は 6.64×10^{14} Hz である．400 nm の光により飛び出した光電子の運動エネルギーの最大値を求めよ．

19.2 波長が 633 nm で，出力が 0.1 W のヘリウム–ネオンレーザーは，1 秒あたり何個の光子を放出しているか．

☕ Coffee Break：光と地球温暖化

地球温暖化も光子の関係する現象として説明することができる．太陽は，可視光を中心とした太陽エネルギーを地球上に照射している．これにより地球は温められ，波長 10 μm 周辺の赤外線を宇宙空間に放出する．図 19.3 のように，地表の温度が高いほど地表から放射される赤外線のエネルギーは大きくなる．エネルギー保存の法則により，地球に入る太陽エネルギーと地球が放射する赤外線のエネルギーが等しくなる点が地表の温度となる．二酸化炭素などの大気中分子 (温暖化物質) は，特定の波長の赤外線 (光子) を吸収する性質をもっている．たとえば二酸化炭素分子はばねで 3 つの原子が結びついたものと考えられ，振動エネルギーをもっている．光子を吸収することにより，分子の振動エネルギーが上昇する．温暖化物質が増えれば，地表から放射される赤外線のエネルギーの一部は温暖化物質により吸収され地表に再び放射される．このことは，地表から放射される赤外線エネルギーの効率が下がることを意味している (図 19.3 の点線)．地球表面に照射される太陽エネルギーは変わらないので，入るエネルギーと出るエネルギーが等しくなる点が，図 19.3 のように地表の温度が上昇する方向にずれる．この現象が，地球温暖化である．

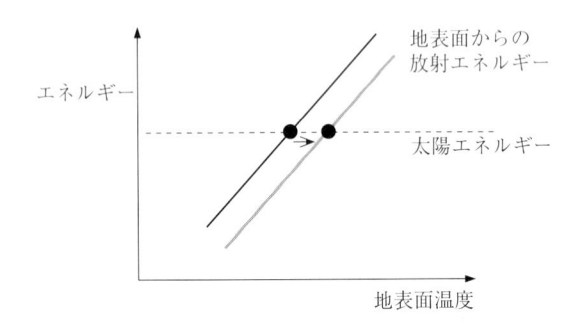

図 19.3　地球温暖化の概念

第20章

粒子の波動性

前の章では，波としての性質をもつ電磁波が粒子としての性質ももっていることを学んだ．これに対して，電子，陽子，中性子などの粒子は，逆に波としての性質ももっている．これらは物質波と呼ばれる．物質波の場合も，干渉や回折といった波としての現象を観測することができる．また，量子力学では，粒子の運動は波動方程式を用いて波として記述することができる．

§1 物質波

ド・ブロイは，波である電磁波が光子という粒子の性質をもっているのなら，逆に電子のような粒子も波としての性質をもっているのではないかと考えた．光子は，$E = h\nu$ のエネルギーと，$p = \dfrac{h}{\lambda}$ の運動量をもっている．そこでエネルギー E，運動量 p の粒子の振動数 ν と波長 λ を以下のように予測した．

$$E = h\nu \tag{20.1}$$

$$\lambda = \frac{h}{p} \tag{20.2}$$

つまり運動量をもった粒子は，式 (20.2) で与えられる波長をもった波として扱うこともできるわけである．このような波を**物質波**または**ド・ブロイ波**と呼

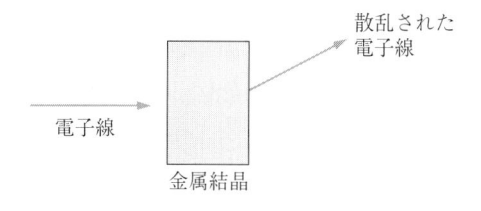

図 **20.1** ダヴィソンとガーマーの実験

ぶ．とくに電子の場合を **電子波** と呼ぶ．

ド・ブロイの予想は，その後電子線の結晶による回折などで実験的に確かめられた．ダヴィソンとガーマーは，電子線がX線と同じような回折現象を示すことを発見した．ニッケルの結晶に，図 20.1 に示すように 65 V の電圧で加速した電子を照射し，電子線の散乱強度の角度依存性を調べた結果，X線と同じようにブラッグ条件を満たすときに，反射される電子線の強度が極大になることを発見した．

高電圧で加速した電子線を用いる測定は，**反射高速電子線回折** と呼ばれ，結晶の表面構造を調べる有力な測定方法になっている．また，中性子を用いた同様の測定は **中性子線回折** と呼ばれる．

[例題 20.1] 電子線の波長

100 V の電圧で加速された電子線の波長を求めよ．

〔解説〕 $E = \frac{1}{2}mv^2 = \frac{(mv)^2}{2m} = \frac{p^2}{2m} = eV$ を式 (20.2) に代入すると次式が得られる．ここで，V が電圧，p が運動量，m が電子の質量，$-e$ が電子の電荷である．

$$\lambda = \frac{h}{\sqrt{2meV}} \tag{20.3}$$

$m = 9.11 \times 10^{-31}$ kg, $e = 1.60 \times 10^{-19}$ C, $h = 6.63 \times 10^{-34}$ J·s を代入すると，波長 $\lambda = 1.23 \times 10^{-10}$ m となる．

[例題 20.2] 電子線による回折

図 20.2 のように，原子が規則正しく配列している結晶がある．電圧 V で加速された電子線が θ の角度で入射したとき，強い反射が観測された．原子配列面の間隔を d として，このときの V, θ, d などの間に成り立つ関係式を導け．

〔解説〕 図 20.2 の異なる原子配列面から反射された波は，位相が等しい，つまり経路の差が波長の整数倍になるときに強め合う．原子配列面 α と原子配列面 β の経路差は，$2d\sin\theta$ で与えられる．反射波が強め合う条件は，整数を n とすると

$$2d\sin\theta = n\lambda \tag{20.4}$$

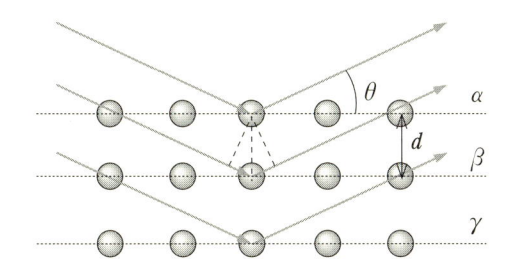

図 20.2 結晶による電子線の回折

である．このとき，原子配列面 α と原子配列面 γ の経路差は $4d\sin\theta = 2n\lambda$ で，やはり波長の整数倍になっている．同様に，すべての異なる原子配列面間の反射において，経路の差が波長の整数倍という条件が満たされている．これは，電磁波でも物質波でも同様に成り立ち，**ブラッグの反射条件**と呼ばれる．

§2 電子顕微鏡

　光学顕微鏡における光の役割を電子波に置き換えたものが電子顕微鏡である．光学顕微鏡ではレンズで光を屈折させているが，電子顕微鏡ではコイルで磁場を発生させ電子線を屈折させている．光学顕微鏡では光の波長の大きさ (500 nm 程度) より小さいものは識別することができない．これに対して，例題 20.1 で見たように，電子線の波長は加速電圧に依存し，光よりも極端に波長の短い波を発生させることができる．波長の短い波で物質を観測することにより，より小さいものを識別することができるわけである．

§3 波動と不確定性原理

　粒子の波動性の考えをさらに進めて，粒子の運動を波動関数という形で記述したのが，シュレーディンガーである．また，粒子の波動的な性質から導かれる現象が**不確定性原理**である．粒子は同時に波動でもあるため，位置と運動量が確定値をもつことができず，原理的に誤差が生じる．位置の誤差を Δx，運動量の誤差を Δp とすると，両者の間には以下のような関係式が成り立つ．

$$\Delta p \Delta x \sim h \tag{20.5}$$

h はプランク定数である．運動量を正確に測定できる，すなわち Δp が無限に小さいということは，言い換えればド・ブロイ波長が正確に決まるということになる．これは，波長 $\lambda = \dfrac{h}{p}$ の波が自由空間内に広がった状態であり，位置の情報は全くわからない．逆に Δx が無限に小さいと，Δp が無限大になる．つまり，粒子の速度を正確に決定しようとすると粒子の存在する位置がわからなくなり，逆に位置を正確に測定しようとすると，Δp が無限大になり，粒子の運動量が不確定となる．

また同様に，時間 Δt とエネルギー ΔE との間にも不確定性の関係が成り立っている．

$$\Delta t \Delta E \sim h \tag{20.6}$$

§4 固体中の電子

固体の電気的な性質は，固体内部の電子の挙動によって決まる．固体は一般に，**金属**，**半導体**，**絶縁体**に分けられる．金属は，プラスイオンの原子が格子を形づくり，その隙間を自由電子が動き回っている．半導体や絶縁体では，原子が共有結合により結びついている．半導体の場合，わずかなエネルギーで電子が共有結合から離れて自由電子として動き回ることができる．共有結合から電子の抜けた穴は，**ホール**または**正孔**と呼ばれる．半導体中で，自由電子やホールの数が多いほど導電性が高くなる．

半導体の場合，光子のエネルギーを吸収することによっても，電子が共有結合から飛び出す．このため，半導体に光を当てると，電気伝導率が上昇する．この現象を**光導電性**と呼んでいる．

金属と半導体の導電性の温度依存性は，全く正反対である．金属の場合，低温では規則正しく並んだプラスイオンの隙間を，自由電子が波動として伝わっている．温度が高くなると，プラスイオンが熱的に振動するようになり，これによって電子波の進行が散乱される．つまり，温度が高いほど電気伝導率が低くなる．

半導体の場合，電子が共有結合から飛び出す確率は温度が高いほど高くなる．

つまり，温度が上がるほど，自由電子とホールの数が増える．このため，半導体の電気伝導率は，温度が高いほど高くなる．

章末問題

20.1 100 V の電圧で加速された陽子の物質波の波長を求めよ．陽子の質量は 1.67×10^{-27} kg として計算せよ．

20.2 波長が 1 nm の電子波がある．この場合，電子の速度を求めよ．電子の質量は 9.11×10^{-31} kg として計算せよ．

20.3 85 V の電圧で加速された電子線を図 20.2 の条件である結晶に照射した．θ が $20°$ のときに 1 次 ($n=1$) のブラッグ反射が観測された．この場合の原子配列面の間隔を求めよ．

☕ Coffee Break： 金属の熱伝導率は，電気伝導率に比例する (ウィーデマン–フランツの法則)．これは，金属の熱伝導に対する自由電子の寄与が大きいためである．つまり，自由に動き回れる電子が多いほど，熱伝導率が高くなる．鉄よりもアルミニウムの方が，数倍，熱伝導率や電気伝導率が高い．さらに金，銅，銀の順に熱伝導率や電気伝導率が高くなる．最近は，火を使わない加熱調理器具として誘導加熱方式の電磁調理器が使われている．電磁調理器は，誘導電流を熱に変えているので，電気抵抗が高いほど発熱効率が高い．しかし，先に述べたように，電気抵抗が高い金属は熱伝導率が低い．このため，底に加熱のための鉄板を敷いたアルミの鍋などが電磁調理器用の鍋として市販されている．

章末問題の略解

第 1 章
1.1 $1\,\text{J} = 10^7\,\text{erg}$　　**1.2** 約 23.4074　　**1.3** $T = c\sqrt{\dfrac{m}{k}}$　　**1.4** $\sqrt{14},\ \cos\theta = \sqrt{\dfrac{14}{17}}$

1.5 $-\boldsymbol{i} + 4\boldsymbol{j} - 5\boldsymbol{k},\ \sin\theta = \sqrt{\dfrac{21}{119}}$

第 2 章
2.1 $-\dfrac{1}{\sqrt{2}},\ -\dfrac{1}{\sqrt{2}},\ -\dfrac{4-2\sqrt{2}}{\pi},\ -\dfrac{2\sqrt{2}}{\pi}$

2.2
$$v(t) = (-\sin t)\boldsymbol{i} + (\cos t)\boldsymbol{j} + \boldsymbol{k},\quad a(t) = (-\cos t)\boldsymbol{i} + (-\sin t)\boldsymbol{j} + 0\,\boldsymbol{k}$$
$$v\!\left(\dfrac{\pi}{4}\right) = \left(-\dfrac{1}{\sqrt{2}}\right)\boldsymbol{i} + \left(\dfrac{1}{\sqrt{2}}\right)\boldsymbol{j} + \boldsymbol{k},\quad a\!\left(\dfrac{\pi}{4}\right) = \left(-\dfrac{1}{\sqrt{2}}\right)\boldsymbol{i} + \left(-\dfrac{1}{\sqrt{2}}\right)\boldsymbol{j} + \boldsymbol{k}$$
$$\left(-\dfrac{2\sqrt{2}-4}{\pi}\right)\boldsymbol{i} + \left(-\dfrac{2\sqrt{2}}{\pi}\right)\boldsymbol{j} + \boldsymbol{k},\quad \left(-\dfrac{2\sqrt{2}}{\pi}\right)\boldsymbol{i} + \left(-\dfrac{2\sqrt{2}-4}{\pi}\right)\boldsymbol{j} + 0\,\boldsymbol{k}$$

2.3 省略

2.4 $L_z = -ma^2\omega$

第 3 章
3.1 $m\dfrac{\mathrm{d}^2 x}{\mathrm{d}t^2} = -kx$　　**3.2** 省略　　**3.3** $F = -m\boldsymbol{r},\ \boldsymbol{r}\times\boldsymbol{F} = 0,\ L = -a^2 m\boldsymbol{k}$,

$\dfrac{\mathrm{d}\boldsymbol{L}}{\mathrm{d}t} = 0$　　**3.4** $\mathrm{d}\boldsymbol{p} = -2mv_y\boldsymbol{j},\ \bar{\boldsymbol{F}} = 2mv_y/\mathrm{d}t,\ y$ 軸の負の方向

第 4 章
4.1 $x = x_0 + \dfrac{m}{k}v_0(1 - \mathrm{e}^{-\frac{k}{m}t})$

4.2 $mL\dfrac{\mathrm{d}^2\theta}{\mathrm{d}t^2} = -mg\sin\theta,\ mL\dfrac{\mathrm{d}^2\theta}{\mathrm{d}t^2} = -mg\theta,\ \theta = \theta_0\cos\!\left(\sqrt{\dfrac{g}{L}}\,t\right)$

第 5 章
5.1 省略

5.2 $\dfrac{k_1}{2}x^2 - \dfrac{k_2}{3}x^3 + \dfrac{k_3}{4}x^4$

5.3 省略

5.4 $\dfrac{qQ}{4\pi\varepsilon_0|\boldsymbol{r}|}$, ただし，無限遠点でのポテンシャルの値をゼロとする．

5.5 $\boldsymbol{F} = (12a|\boldsymbol{r}|^{-14} - 6b|\boldsymbol{r}|^{-8})\boldsymbol{r}$

5.6 12 J

第6章

6.1 $C = \sqrt{A^2 + B^2}$, $\tan\delta = \dfrac{B}{A}$

6.2 運動エネルギー $E = \dfrac{m}{2}\omega^2 C^2 \cos^2(\omega t + \delta)$, ポテンシャルエネルギー $U = \dfrac{m}{2}\omega^2 C^2 \sin^2(\omega t + \delta)$. したがって，全エネルギーは $K + U = \dfrac{m}{2}\omega^2 C^2$ となり，つねに一定となる．

6.3 (a) $\omega_1 = 3.16\,\mathrm{s}^{-1}$, $\omega_2 = 3.61\,\mathrm{s}^{-1}$ (b) $\omega_1 = 3.16\,\mathrm{s}^{-1}$, $\omega_2 = 5.48\,\mathrm{s}^{-1}$. グラフは省略．

6.4 (1) $x_1 = x_0$, $x_2 = -x_0$, $\dfrac{\mathrm{d}x_1}{\mathrm{d}t} = 0$ $\dfrac{\mathrm{d}x_2}{\mathrm{d}t} = 0$ (2) $x_1 = x_0 \cos\omega_2 t$, $x_2 = -x_0 \cos\omega_2 t$. 図は省略．

6.5 $m\dfrac{\mathrm{d}^2 x_1}{\mathrm{d}t^2} = -\dfrac{mg}{L}x_1 + k(x_2 - x_1)$, $m\dfrac{\mathrm{d}^2 x_2}{\mathrm{d}t^2} = -\dfrac{mg}{L}x_2 - k(x_2 - x_1)$. 一般解を $x_1 = C_1 \sin(\omega t + \delta)$, $x_2 = C_2 \sin(\omega t + \delta)$ とすると，振動パターンは $\sqrt{\dfrac{g}{L}}$ のとき $\dfrac{C_2}{C_1} = 1$, $\omega_2 = \sqrt{\dfrac{g}{L} + \dfrac{2k}{m}}$ のとき $\dfrac{C_2}{C_1} = -1$.

6.6 $k = 0.05\,\mathrm{N/m}$ のとき $\omega_2 - \omega_1 = 0.087\,\mathrm{s}^{-1}$, $k = 0.10\,\mathrm{N/m}$ のとき $\omega_2 - \omega_1 = 0.172\,\mathrm{s}^{-1}$, $k = 0.15\,\mathrm{N/m}$ のとき $\omega_2 - \omega_1 = 0.257\,\mathrm{s}^{-1}$ となり，$\omega_2 - \omega_1$ と k はほぼ比例する．

6.7 266 Hz. 弦の直径が半分になると，振動数が倍になって1オクターブ上がる．

第7章

7.1 水中では 2.254×10^8 m/s, ガラス中では 1.972×10^8 m/s.

7.2 $1 - \left(\dfrac{\sin\theta_1}{n}\right)^2 > \left(\dfrac{n_0}{n}\right)^2$ あるいは $\dfrac{n^2 - \sin^2\theta_1}{n_0^2} > 1$.

7.3 $\sin\theta_1 = \sqrt{n^2 - \left(\dfrac{\lambda}{2d}\right)^2 \left(m - \dfrac{1}{2}\right)^2}$，ただし，$m$ は任意の整数．

第 8 章

8.1 1 原子あたりの運動エネルギーは
$$\frac{3}{2} \times (1.38 \times 10^{-23}\,[\text{J/K}]) \times 77.3\,[\text{K}] = 1.60 \times 10^{-21}\,[\text{J}]$$
となる．速度の比は，$\dfrac{1}{2}m\bar{v}^2 = \dfrac{3}{2}k_\text{B}T$ より $\bar{v} = \sqrt{\bar{v}^2} \propto \sqrt{T}$ であるから，
$$\bar{v}_{77.3\,\text{K}} : \bar{v}_{300\,\text{K}} = \sqrt{77.3} : \sqrt{300} = 1 : 1.97$$
である．

8.2 $1000\,[\text{g}] \times 80\,[\text{cal/g}] = 8 \times 10^4\,[\text{cal}] = 3.35 \times 10^5\,[\text{J}]$

8.3 $V = \dfrac{nRT}{P}$ より $\left(\dfrac{\partial V}{\partial P}\right)_T = -\dfrac{nRT}{P^2}$ を得る．これは温度一定の条件下での，体積の圧力に対する変化率を表す．

第 9 章

9.1 $\Delta U = \dfrac{3}{2}R\Delta T = 1.5 \times 8.31 \times (100 - 0) = 1.25 \times 10^3\,[\text{J}]$

9.2 (1) 0　(2) 熱力学第 1 法則から $\Delta U = Q + W$ である．ところが断熱なので $Q = 0$，かつ外にする仕事はないので $W = 0$ である．したがって $\Delta U = 0$ が得られ，したがって $\Delta T = 0$ であることがわかる．よって最終状態の温度は最初と変わらず，T である．　(3) 上の議論から $\Delta U = 0$．

9.3 (1) 状態方程式から圧力が求められる．

(最初の状態)

$P \times 3\,[\text{m}^3] = 2\,[\text{mol}] \times 8.31\,[\text{J/mol}\cdot\text{K}] \times 500\,[\text{K}]$ より $P = 2.77 \times 10^3\,[\text{Pa}]$

(最後の状態)

$P \times 4\,[\text{m}^3] = 2\,[\text{mol}] \times 8.31\,[\text{J/mol}\cdot\text{K}] \times 500\,[\text{K}]$ より $P = 2.08 \times 10^3\,[\text{Pa}]$

(2)
$$-W = \int_{V_\text{A}}^{V_\text{B}} P\,\mathrm{d}V = \int_{V_\text{A}}^{V_\text{B}} \frac{nRT}{V}\,\mathrm{d}V = nRT\log\frac{V_\text{B}}{V_\text{A}}$$
$$= 2 \times 8.31 \times 500 \times \log\frac{4}{3} = 2.39 \times 10^3\,[\text{J}]$$

(3) $\Delta U = 0$　(4) $\Delta U = Q + W$ で $\Delta U = 0$ であるから，$Q = -W = 2.39 \times 10^3\,[\text{J}]$．

9.4 (1)

最初の状態 2.77×10^3 [Pa]

最後の状態 最初の状態と最後の状態については，断熱変化であるから PV^γ が一定に保たれる（ただし $\gamma = 5/3$）．したがって，$P \times 4^\gamma = (2.77 \times 10^3) \times 3^\gamma$ が成り立つ．これより 1.71×10^3 J．

(2) 413 K (3) $-W = \dfrac{nR}{\gamma - 1}(500 - 413) = 2.17 \times 10^3$ [J] (4) $\Delta U = Q + W = 0 - 2.17 \times 10^3$ [J] $= -2.17 \times 10^3$ [J]（別解：$\Delta U = \dfrac{3}{2}nR\Delta T = \dfrac{3}{2} \times 2 \times 8.31 \times (-87)$）

第10章

10.1 等温膨張 $\Delta U_1 = 0$

断熱膨張 $\Delta U_2 = W = \dfrac{nR}{\gamma - 1}(T_{\text{low}} - T_{\text{high}})$

等温圧縮 $\Delta U_3 = 0$

断熱圧縮 $\Delta U_4 = W = \dfrac{nR}{\gamma - 1}(T_{\text{high}} - T_{\text{low}})$

したがって，内部エネルギー変化の総和は $\Delta U = \Delta U_1 + \Delta U_2 + \Delta U_3 + \Delta U_4 = 0$ である．

10.2 $\eta = \dfrac{T_{\text{high}} - T_{\text{low}}}{T_{\text{high}}} = \dfrac{773 - 273}{773} = \dfrac{500}{773} = 0.647$

第11章

11.1 省略

11.2 等温膨張により系に流入する熱量は気体にした仕事に等しい（$\Delta U = Q + W$ で $\Delta U = 0$（等温），よって $Q = -W$）．

$$Q = -W = \int_{V_A}^{V_B} P\,dV = \int_{V_A}^{V_B} nRT\,dV = nRT \log \dfrac{V_B}{V_A}$$

したがって，$\Delta S = \dfrac{Q}{T} = nR \log \dfrac{V_B}{V_A}$．

第12章

12.1 (1) $y = \sqrt{\alpha}x$ とおく．$dy = \sqrt{\alpha}\,dx$ で $x = 0$ のとき $y = 0$，$x \to \infty$ で $y = \infty$ であるから

$$\int_0^\infty \exp(-\alpha x^2)\,dx = \dfrac{1}{\sqrt{\alpha}} \int_0^\infty \exp(-y^2)\,dy = \dfrac{1}{\sqrt{\alpha}} \dfrac{\sqrt{\pi}}{2}$$

(2) 左辺に $\dfrac{2\alpha}{2\alpha}$ をかける．

$$\text{左辺} = \dfrac{1}{2\alpha} \int_0^\infty 2\alpha x \exp(-\alpha x^2)\,dx = \dfrac{1}{2\alpha} \left[-\exp(-\alpha x^2)\right]_0^\infty$$

$$= \frac{1}{2\alpha}(0-(-1)) = \frac{1}{2\alpha}$$

(3) 部分積分により証明する．

$$\int_0^\infty x^2 \exp(-\alpha x^2)\,\mathrm{d}x = \int_0^\infty x \cdot x \exp(-\alpha x^2)\,\mathrm{d}x$$

$$= \left[\frac{x}{-2\alpha}\exp(-\alpha x^2)\right]_0^\infty + \frac{1}{2\alpha}\int_0^\infty \exp(-\alpha x^2)\,\mathrm{d}x$$

$$= \frac{1}{2\alpha} \cdot \frac{1}{2}\sqrt{\frac{\pi}{\alpha}}$$

微分法による証明は 省略． (4), (5) 省略．

12.2 (1) $2mv\cos\theta$ (2) 次の衝突までに粒子の走る距離は $2a\cos\theta$ である．1 秒間に v だけ進むので，$n = \dfrac{v}{2a\cos\theta}$. (3) 求める力積は，運動量の 1 秒間の全変化量である．これは（1 回の衝突で生じる運動量変化）×（1 秒間の衝突回数）×（容器内の粒子数）である．よって

$$\bar{F}\Delta t = \Delta p = 2mv\cos\theta \times \frac{v}{2a\cos\theta} \times N = \frac{Nmv^2}{a}$$

(4) $P = \dfrac{\bar{F}}{S} = \dfrac{\bar{F}}{4\pi a^2} = \dfrac{Nmv^2}{4\pi a^3}$ (5) $\dfrac{4\pi}{3}a^3 = V$ と (4) から $P = \dfrac{Nmv^2}{3V}$ を得る．$\dfrac{1}{2}mv^2 = \dfrac{3}{2}k_\mathrm{B}T$（エネルギー等分配則）を用いて $PV = \dfrac{Nmv^2}{3} = Nk_\mathrm{B}T = \dfrac{N}{N_\mathrm{A}} \cdot N_\mathrm{A} k_\mathrm{B} T = nRT$ となる．ただし N_A はアボガドロ数である．

第 13 章

13.1 $E_x = \dfrac{5}{\pi\varepsilon_0}$ [V/m], $E_y = 0$ [V/m]

13.2

$$E = \frac{q}{4\pi\varepsilon_0 r^2} = \frac{q}{4\pi\varepsilon_0(x^2+(y-2)^2+(z+4)^2)} \,[\mathrm{V/m}]$$

$$E_y = \frac{q}{4\pi\varepsilon_0 r^2} \cdot \frac{y-2}{r} = \frac{q(y-2)}{4\pi\varepsilon_0(x^2+(y-2)^2+(z+4)^2)^{3/2}} \,[\mathrm{V/m}]$$

$$\phi = \frac{q}{4\pi\varepsilon_0 r} = \frac{q}{4\pi\varepsilon_0(x^2+(y-2)^2+(z+4)^2)^{1/2}} \,[\mathrm{V}]$$

第 14 章

14.1 (1)

$$B = \frac{\mu_0}{2\pi} \cdot \frac{I_1}{r} = \frac{4\pi \times 10^{-7}}{2\pi} \cdot \frac{3}{\sqrt{(x-2)^2+(y-3)^2}} = \frac{6\times 10^{-7}}{\sqrt{(x-2)^2+(y-3)^2}} \,[\mathrm{T}]$$

$$B_x = B \cdot \frac{y-3}{r} = \frac{6 \times 10^{-7} \cdot (y-3)}{(x-2)^2 + (y-3)^2} \quad B_y = B \cdot \frac{2-x}{r} = \frac{6 \times 10^{-7} \cdot (2-x)}{(x-2)^2 + (y-3)^2}$$

$$(2)\ F = \frac{\mu_0}{2\pi} \cdot \frac{I_0 I_1}{r} = B I_0 = \frac{6 \times 10^{-7} \cdot 5}{\sqrt{(x-2)^2 + (y-3)^2}} = \frac{3 \times 10^{-6}}{\sqrt{(x-2)^2 + (y-3)^2}}\ [\text{N/m}]$$

14.2 ビオ–サバールの法則(式 (14.10))とベクトルの外積(第 14 章のワンポイント)を参照せよ.

$$d\boldsymbol{B} = \frac{\mu_0 I}{4\pi R^2}\left(d\boldsymbol{s} \times \frac{\boldsymbol{R}}{R}\right)$$

$$= \frac{\mu_0 \cdot 3}{4\pi \cdot 5}\left((0.01, 0, 0) \times \frac{(0, -2, 1)}{\sqrt{5}}\right)$$

$$= \frac{\mu_0 \cdot 3}{4\pi \cdot 5^{3/2}}(0, -0.01, -0.02)$$

円周上の微小な電流素片の寄与を足し合わせる.z 軸上では対称性より磁場は z 成分しかない.

$$\boldsymbol{B} = \frac{\mu_0 \cdot 3}{4\pi \cdot 5^{3/2}}(0, 0, -0.02) \cdot \left(\frac{2 \cdot 2\pi}{0.01}\right) = \frac{6\mu_0}{5^{3/2}}(0, 0, -1)$$

14.3 式 (14.4), (14.14) およびベクトルの外積を参照せよ.

I_2 が $(0, 0, 0)$ につくる磁束密度 $\boldsymbol{B}_2$ は y 方向で $\boldsymbol{B}_2 = \left(0, \frac{\mu_0 I_2}{6\pi}, 0\right)$ [T]

I_1 が $(0, 3, 0)$ につくる磁束密度 $\boldsymbol{B}_1$ は y 方向で $\boldsymbol{B}_1 = \left(0, \frac{\mu_0 I_1}{6\pi}, 0\right)$ [T]

電流素片 ds_1 に作用する力 $d\boldsymbol{F}_1$ は $-x$ 方向で $d\boldsymbol{F}_1 = \left(-\frac{\mu_0 I_1 I_2\, ds_1}{6\pi}, 0, 0\right)$ [N]

電流素片 ds_2 に作用する力 $d\boldsymbol{F}_2$ は x 方向で $d\boldsymbol{F}_2 = \left(\frac{\mu_0 I_1 I_2\, ds_2}{6\pi}, 0, 0\right)$ [N]

14.4 $x(t) = -\frac{a}{\omega}\cos\omega t + \frac{a}{\omega},\ y(t) = \frac{a}{\omega}\sin\omega t,\ z(t) = 0,$

第 15 章

15.1 (1) 図 15.1(a) の白矢印の反対の向き. (2) 図 15.1(b) の白矢印の反対の向き.

15.2 $V(t) = 400\cos(50t)$ [V], $I(t) = 40\cos(50t)$ [A]

第 16 章

16.1 ρ **16.2** $(0, 0, \mu_0 i)$ **16.3** $E(r) = \dfrac{Q}{2\pi\varepsilon_0 r L}\ (a < r < b)$ [V/m]

第 17 章

17.1 30 cm   **17.2** 375 mm

第 18 章

18.1 9.00×10^{-9} s   **18.2** 省略

第 19 章

19.1 5.70×10^{-20} J   **19.2** 3.18×10^{17} 個

第 20 章

20.1 2.87×10^{-12} m   **20.2** 7.28×10^{5} m/s   **20.3** 1.94×10^{-10} m

参考文献

- 力学をさらに勉強するためには，田附雄一・小澤哲共著「現代の力学」(学術図書出版社) を精読されたい．
- 解析的に解けない問題を調べるためには，小澤哲・D. W. ヘールマン共著「UNIX ワークステーションによる計算機シミュレーション入門」(学術図書出版社) を参照されたい．
- 振動・波動の入門書としては，有山正孝著「振動・波動」(裳華房)，藤原邦男著「振動と波動」(サイエンス社) などがある．
- 熱力学の良書として小出昭一郎著「熱学」(東京大学出版会) を薦める．化学的な観点から学習したい人にはムーア著「基礎物理化学–上–」(東京化学同人)，エントロピーに焦点をあてた解説として小出昭一郎著「エントロピー」(共立出版)，アトキンス著「エントロピーと秩序」(日経サイエンス) がある．
- 上の書物をマスターしてしまった人に，少しレベルの高い参考書として薦められるのは，原島鮮著「熱力学・統計力学」(培風館)，宮下精二著「熱・統計力学」(培風館)，久保亮五編「大学演習 熱学・統計力学」(裳華房) である．統計力学の分野で日本人研究者たちは，世界の誇るべき成果を出していることを強調しておこう．
- 電磁気学の入門書としては，砂川重信「電磁気学の考え方」(岩波書店)，和田純夫「電磁気学のききどころ」(岩波書店) などがある．前者は電磁気学のストーリーが明解で，後者は重要なポイントがきちんと整理されている．光についてさらに勉強したい人のために，櫛田孝司著「光物理学」(共立出版)，石黒浩三「光学」(共立出版) などがある．後者は特殊相対性理論についても説明している．
- 量子力学の参考書としては，絵入りでわかりやすい本として都筑卓司著「絵でわかる量子力学」(オーム社)，しっかりと勉強したい人のために小

出昭一郎著「量子力学 I, II」(裳華房) などがある.
- また,ファインマン著「ファインマン物理学」(岩波書店) のような古典的な名著も,わかりやすく古さを感じさせないので,ぜひ読んでもらいたい.

あとがき

　子供のころ住んでいた町並みを久しぶりに訪れると，街路樹や建物や塀などが，子供のころ思っていたよりも，ずっと小さいことに驚かされる．また，大人が小さな子供と話をするときには，しゃがんで子供と同じ目線で話をするとよいという話を聞く．

　物理の学習についても同じことがいえそうだ．高校から大学卒業まで学習が深まるにつれて，物理についても，はっきりしなかったものがクリアに見えるようになったり，遠くまで見わたせるようになったりする．

　本書をつくるうえで，筆者らはなるべく学生の視線に立ったつもりである．自分たちが学生のころ，何につまずいたかなども思い出しながら書き進めた．物理は単位をとるための苦しい修行ではなく，いろいろな現象を理解できると感動できる楽しい世界のはずである．なるべく，物理の楽しさも一緒に味わってもらおうと書いたつもりである．しかし，ページ数も限られていて，伝えられなかったことも多くあった．

　皆さんが，この本をスタートとして，広く，深く，楽しい物理の世界に足を踏み入れてくれることを期待したい．

索 引

● あ 行

アボガドロ数, 85
アンテナ, 167
アンペア, 3
アンペールの法則, 149, 152
位相, 55
位置, 12
位置エネルギー, 37
1次方程式, 24
位置ベクトル, 13
一般解, 25
因果律, 29
ウィーデマン–フランツの法則, 189
うなり, 61
運動エネルギー, 37
運動の法則, 18
運動方程式, 19
運動量, 15
エネルギー等分配の法則, 116
MKSA単位系, 3
MKS単位, 8
円運動, 14
演算子, 46
エントロピー, 104, 108
大きさ, 6
温度, 79

● か 行

外積, 7
回転, 149
ガウスの定理, 146
ガウスの法則, 146
可逆過程, 92
可逆サイクル, 103
角運動量, 15
角運動量ベクトル, 21
角振動数, 55
角速度, 15
重ね合わせ, 129
重ね合わせの原理, 52, 69
加速度, 12
加速度ベクトル, 13, 14
干渉, 70
慣性座標系, 175
気圧, 85
規格化, 117
期待値, 119
気体定数, 83
基本単位, 3
基本波振動, 65
境界条件, 64
巨視的立場, 78
巨視的変数, 78
キログラム, 3
近接作用, 123
金属, 188
クーロンの法則, 122
クーロン力, 50
屈折, 70, 171
屈折の法則, 72
屈折率, 72
クラウジウスの原理, 108
系, 78
限界振動数, 181
弦の振動, 62
弦の張力, 65
高調波振動, 65
光電効果, 181
光電子, 181
光電子増倍管, 183
勾配, 145
効率, 103
光量子説, 181
固有振動, 52
固有振動数, 59
コンデンサー, 164
コンプトン散乱, 182

● さ 行

サイクル, 100
サイクロトロン運動, 140
サイクロトロン角振動数, 142
作用素, 46
CGS単位, 8
磁極, 133
次元, 4
次元解析, 4
仕事, 36
仕事関数, 181
仕事の成分表示, 44
磁束, 154
磁束の単位, 129
磁束密度, 134
磁束密度の単位, 129
質点, 11
磁場, 134
シャルルの法則, 83
周期, 56
周波数, 170
重力加速度, 19
重力のポテンシャル, 38
ジュール, 8
10進数の小数, 2

準静的過程, 93
準静的変化, 92
状態量, 78, 87
初期条件, 28
初期値問題, 29
真空の透磁率, 134
真空の誘電率, 122
振動数, 56, 170
振動の腹, 64
振動の節, 64
振動パターン, 58
振幅, 55
スカラー積, 7
スカラー倍, 6
ストークスの定理, 149
正孔, 188
静電ポテンシャル, 125
成分表示, 7
積分, 27
積分形式, 37, 46
絶縁体, 188
絶対温度, 83
絶対屈折率, 72
ゼロベクトル, 8
線形結合, 25
線形微分方程式, 25, 54
線積分, 42
線積分の計算, 48
全反射, 72
全微分, 51
相対屈折率, 72
速度, 11, 12
速度ベクトル, 13, 14

● た 行

代数演算, 24
代数方程式, 24
代数方程式の解, 24
第2種の永久機関, 108
単位の換算, 4
単位ベクトル, 5

単振動, 29, 54, 55
断熱圧縮, 101
断熱自由膨張, 98
断熱膨張, 94, 101
力の重ね合わせ, 130
力のモーメント, 23
中心力, 21
中性子線回折, 186
調和振動, 55
定圧比熱, 89
定積比熱, 89
ディメンション, 4
テーラー級数, 76
テーラー展開, 76
電位, 125
電位の重ね合わせ, 131
電界, 123
電荷の単位, 129
電気力線, 124
電子顕微鏡, 187
電磁シールド, 171
電子波, 186
電磁波, 167
電磁誘導, 153
電場, 123
電場の重ね合わせ, 130
電場の成分, 126
電場の強さ, 129
電流素片, 136
電流の定義, 129
等温圧縮, 101
等温膨張, 101
統計力学, 113
透磁率, 134
特殊解, 25
独立事象, 117
ド・ブロイ波, 185
トムソンの原理, 108
トルク, 23

● な 行

内積, 7
内部エネルギー, 86
波の干渉, 73
波の反射, 70
2次方程式, 24
2乗の平均値, 114
2進数, 3
2進数の小数, 4
ニュートン, 3
ニュートンの運動の法則, 54
ニュートンの第2法則, 18
熱運動, 79
熱エネルギー, 80
熱機関, 100
熱の仕事等量, 81
熱力学, 78
熱力学第1法則, 86
熱力学第2法則, 107
熱力学的立場, 78
熱力学的平衡状態, 79
熱力学変数, 78
%

● は 行

波数, 64
波長, 170
発散, 146
波動方程式, 63
ばねの力のポテンシャル, 40
反射, 171
反射高速電子線回折, 186
反射の法則, 71
半導体, 188
万有引力の法則, 19
万有引力のポテンシャル, 46
ビオ–サバールの法則, 137
光導電性, 188
微視的立場, 78
微積分の公式 (スカラー), 17

微分, 11
微分演算子 grad, 45
微分形式, 37, 46
微分商, 11
微分方程式, 18, 24
微分方程式の解, 27
微分方程式の階数, 25
秒, 3
標準状態, 85
ファラデーの電磁誘導の法則, 154, 160
フーリエ解析, 68
フーリエ級数, 67
フーリエ変換, 68
不可逆過程, 92, 107
不確定性原理, 187
フックの法則, 23, 54
物質波, 185
物理法則, 1
物理量, 1
ブラッグの反射条件, 187
分子・原子論的立場, 78
平均変化率, 11
ベクトル, 6
ベクトル積, 7
ベクトルの外積, 143
ベクトルの成分, 5

ベクトルの足し算, 6
ベクトルの微分, 12
変位, 6
変位電流, 155
変化率, 11
変数分離型, 27
偏微分, 51
ホイヘンスの原理, 70
ボイルの法則, 83
方向, 6
放物運動, 31
ホール, 188
ポテンシャル, 36
ボルツマン因子, 117

● ま 行

マクスウェルの速度分布関数, 118
マクスウェル分布, 116
マクスウェルの方程式 (積分形), 164
マクスウェルの方程式 (微分形), 158
マクローリン展開, 76
右ねじの法則, 134
未知関数, 24

未知数, 24
無次元, 4
メートル, 3
面積速度保存の法則, 22
モード, 58
モル, 85

● や 行

ヤングの実験, 73
誘導単位, 3
横波, 170

● ら 行

落体の運動方程式, 28
力学的エネルギー, 37
力学的エネルギーの保存則, 37
力積, 114
リサジュー図形, 61
理想気体, 84
臨界角, 72
連成系の振動, 57
連成振動, 57
連成振り子, 66
ローレンツ収縮, 177
ローレンツ力, 140

執筆者紹介

小澤　哲（おざわ さとる）　茨城大学大学院理工学研究科教授・理学博士
　第1章—第6章を執筆．専門は計算物理学．

前川克廣（まえかわかつひろ）　茨城大学工学部教授・工学博士
　第6章—第7章を執筆．専門は生産工学．

篠嶋　妥（ささじま やすし）　茨城大学工学部教授・工学博士
　第8章—第12章を執筆．専門は材料物性工学．

辻　龍介（つじ りゅうすけ）　茨城大学工学部教授・工学博士
　第13章—第17章を執筆．専門は応用物理学．

湊　淳（みなと あつし）　茨城大学大学院理工学研究科教授・工学博士
　第18章—第20章を執筆．専門は応用物理学．

工学基礎ミニマムシリーズ　物理ミニマム　第2版

2002年3月20日	第1版	第1刷	印刷
2002年3月31日	第1版	第1刷	発行
2005年3月31日	第2版	第1刷	発行
2011年9月10日	第2版	第2刷	発行

　著　者　　工学基礎ミニマム研究会
　発行者　　発田寿々子
　発行所　　株式会社　学術図書出版社

〒113-0033　東京都文京区本郷5丁目4の6
TEL 03-3811-0889　振替 00110-4-28454
　　　　　印刷　サンエイプレス(有)

定価はカバーに表示してあります．

本書の一部または全部を無断で複写(コピー)・複製・転載することは，著作権法でみとめられた場合を除き，著作者および出版社の権利の侵害となります．あらかじめ，小社に許諾を求めて下さい．

© 2002, 2005　工学基礎ミニマム研究会　Printed in Japan
ISBN4-87361-664-6　C3042